中高职衔接系列教材

数控铣削
编程与加工

主编 韩雪松

中国水利水电出版社
www.waterpub.com.cn
·北京·

内 容 提 要

　　《数控铣削编程与加工》根据中高职机械类专业对数控铣床加工工艺与编程操作的理论与技能要求，结合作者多年从事数控机床编程操作教学的实践经验而编写的。

　　本教材共分 6 个项目，项目 1 介绍了数控铣床的基本结构和加工特点，讲解斯沃数控仿真软件的使用方法，强调数控铣床的安全操作规程及日常保养知识；项目 2 介绍了平面铣削工艺以及相关编程指令，阐述数控铣床对刀以及工件装夹的操作方法；项目 3 介绍了铣削零件外轮廓的工艺知识，讲述半径补偿指令和子程序的编程方法；项目 4 介绍了型腔零件的铣削工艺以及铣刀切入零件型腔的编程方法；项目 5 介绍了数控铣床进行钻、扩、铰、镗孔、攻丝的工艺知识以及孔加工循环指令；项目 6 介绍了数控宏程序和坐标系平移旋转指令。本教材大量使用图、表对相关知识进行编排，每个任务配有编程实例，尽可能做到形象直观，通俗易懂。

　　本教材可作为高职高专中等职业学校数控及相关专业的教学用书，也可作为相关技术岗位培训、自学教材。

图书在版编目（ＣＩＰ）数据

　数控铣削编程与加工 / 韩雪松主编. -- 北京 : 中
国水利水电出版社，2016.6
　中高职衔接系列教材
　ISBN 978-7-5170-3958-7

　Ⅰ. ①数… Ⅱ. ①韩… Ⅲ. ①数控机床－铣床－程序
设计－高等职业教育－教材②数控机床－铣床－金属切削
－加工－高等职业教育－教材 Ⅳ. ①TG547

中国版本图书馆CIP数据核字(2015)第316572号

书　　名	中高职衔接系列教材 **数控铣削编程与加工**
作　　者	主编　韩雪松
出版发行	中国水利水电出版社 （北京市海淀区玉渊潭南路 1 号 D 座　100038） 网址：www.waterpub.com.cn E-mail：sales@waterpub.com.cn 电话：(010) 68367658（发行部）
经　　售	北京科水图书销售中心（零售） 电话：(010) 88383994、63202643、68545874 全国各地新华书店和相关出版物销售网点
排　　版	中国水利水电出版社微机排版中心
印　　刷	北京瑞斯通印务发展有限公司
规　　格	184mm×260mm　16 开本　8.25 印张　196 千字
版　　次	2016 年 6 月第 1 版　2016 年 6 月第 1 次印刷
印　　数	0001—2000 册
定　　价	**18.00 元**

凡购买我社图书，如有缺页、倒页、脱页的，本社发行部负责调换

中高职衔接系列教材
编 委 会

主　任　张忠海

副主任　潘念萍　　　陈静玲(中职)

委　员　韦　弘　　　龙艳红　　　陆克芬

　　　　宋玉峰(中职)　邓海鹰　　　陈炳森

　　　　梁文兴(中职)　宁爱民　　　韦玖贤(中职)

　　　　黄晓东　　　梁庆铭(中职)　陈光会

　　　　容传章(中职)　方　崇　　　梁华江(中职)

　　　　梁建和　　　梁小流　　　陈瑞强(中职)

秘　书　黄小娥

本 书 编 写 人 员

主　编　韩雪松

副主编　陆美文　　　黄世集(中职)

参　编　龙书宁(中职)　陆玉馨(中职)

主　审　钟丽珠

前言 QIANYAN

本教材根据中高职机械类专业对数控铣床加工工艺与编程操作的理论与技能要求，以数控铣床加工典型工作任务为载体，对教学内容进行组织编排。

教学内容编写为 6 个项目。项目 1 通过指导学生完成简单方形凸台的仿真加工，介绍数控铣床的基本结构和加工特点，强调数控铣床的安全操作规程及日常保养知识，使学生了解 CNC 程序格式和数控机床坐标系的作用，初步掌握数控仿真软件的使用方法；项目 2 通过平行垫块的铣削加工，使学生掌握平面铣削工艺，能运用 G00、G01、M03、M08 等指令编写平面铣削程序，正确进行对刀以及工件装夹操作；项目 3 介绍铣削零件外轮廓的工艺知识，使学生掌握零件外轮廓的精度控制方法，能运用 G02、G03 以及半径补偿指令编写加工程序，能通过编写子程序来简化零件加工程序；项目 4 介绍型腔零件的铣削工艺，使学生掌握铣刀切入零件型腔的方法，能编写螺旋下刀和残料清除程序；项目 5 要求学生掌握数控铣床进行钻、扩、铰、镗孔、攻丝的工艺知识，能运用循环指令编写孔加工程序；项目 6 介绍了数控程序和坐标系平移旋转指令，使学生掌握公式曲线和齿形零件的编程方法。

本教材以数控铣床操作工的职业能力培养为本位，以数控铣床加工典型工作任务为载体，每个工作任务以数控铣床真实岗位工作任务流程为主线，流程为分析任务零件图→制定零件加工工艺路线→选择加工刀具→选择切削用量→设计加工刀路→编写工艺文件→学习编程指令→编写加工程序→操作机床/仿真软件加工零件→检测加工质量。在每个工作任务中有机嵌入常用数控指令、加工工艺及操作技能等知识，体现"学中做""学中教"的现代职业教育课程改革理念。编写中充分体现新知识、新技术、新工艺和新方法等内容。

本教材适合作为中职、高职院校数控技术、模具、机电一体化、机制制造等专业数控铣削加工技术教学的教材。理论教学约 50 学时，操作训练约 60 学时。

本教材项目 2、项目 5 由广西水利电力职业技术学院的韩雪松编写；项目 1 由广西水利电力职业技术学院的陆美文编写；项目 3 由广西金秀县职业技术学校的黄世集编写；项目 4 由广西金秀县职业技术学校的龙书宁编写；项目

6 由广西金秀县职业技术学校的陆玉馨编写。在教材编写过程中，得到广西水利电力职业技术学院钟丽珠副教授的精心审核。

　　由于编者水平有限，恳请读者对本书的缺点、错漏提出批评和指正。

编者

2016 年 4 月

目录 MULU

数 控 铣 床 基 础 操 作

知识目标：

（1）了解数控铣床的基本结构和加工特点。

（2）了解数控铣床的类型。

（3）了解 CNC 程序格式。

（4）了解数控机床坐标系的作用。

（5）掌握数控铣床的安全操作规程。

（6）掌握数控铣床的日常保养知识。

技能目标：

（1）能用仿真软件进行数控铣床参考点和手动操作。

（2）能用仿真软件为数控系统输入加工程序。

（3）能用仿真软件为数控铣床对刀并完成零件加工。

（4）能分析零件加工过程，总结数控铣床的工作特点。

1.1 正 方 形 轮 廓 铣 削

1.1.1 任务描述

在数控仿真软件中铣削正方形凸台，如图 1.1 所示。

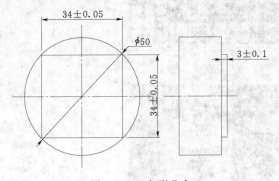

图 1.1 正方形凸台

1.1.2 任务分析

图 1.1 零件为高度 3mm 的正方形凸台，使用直径 12mm 的高速钢三刃立铣刀，对直径 50mm 的 45 号钢棒料进行铣削加工。要求使用南京斯沃数控仿真软件，完成毛坯装夹、刀具安装和程序输入等工作，对零件进行虚拟加工。

1.1.3 实施步骤

以西门子 802C 数控系统为例，用仿真软件铣削正方形凸台步骤见表 1.1。

表 1.1　　　　　　　　　　　用仿真软件铣削正方形凸台步骤

步骤	软件界面	步骤说明
启动仿真软件	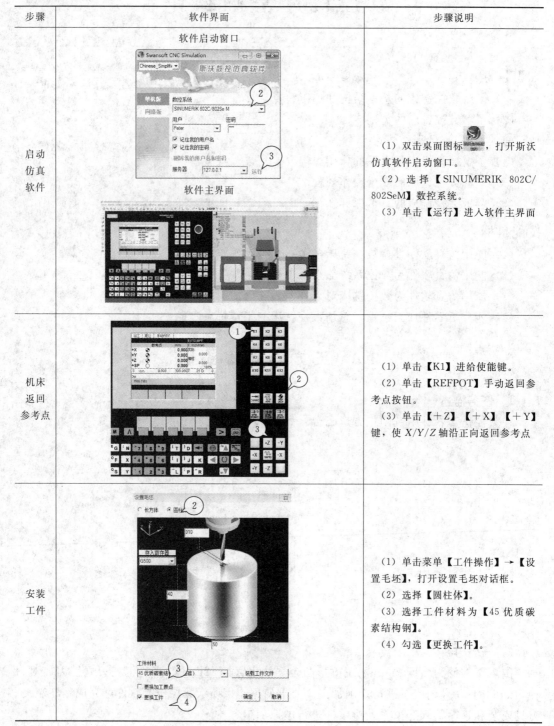 软件启动窗口 软件主界面	（1）双击桌面图标，打开斯沃仿真软件启动窗口。 （2）选择【SINUMERIK 802C/802SeM】数控系统。 （3）单击【运行】进入软件主界面
机床返回参考点		（1）单击【K1】进给使能键。 （2）单击【REFPOT】手动返回参考点按钮。 （3）单击【+Z】【+X】【+Y】键，使 X/Y/Z 轴沿正向返回参考点
安装工件		（1）单击菜单【工件操作】→【设置毛坯】，打开设置毛坯对话框。 （2）选择【圆柱体】。 （3）选择工件材料为【45 优质碳素结构钢】。 （4）勾选【更换工件】。

续表

步骤	软件界面	步骤说明
安装 工件	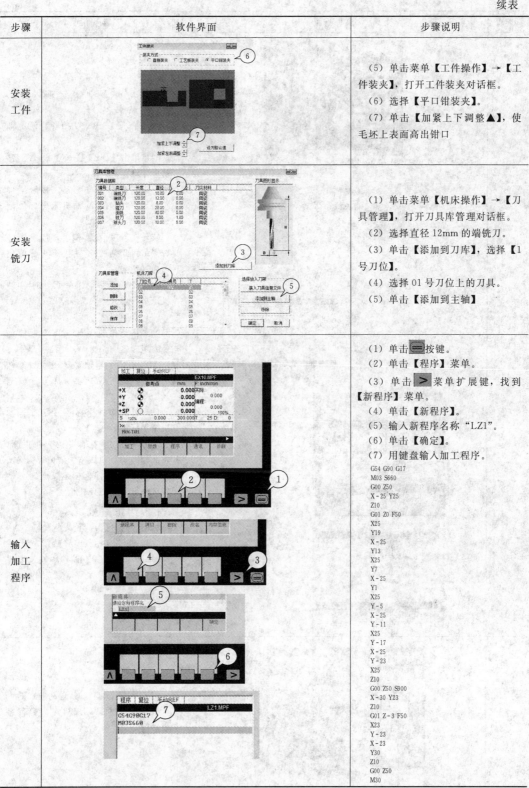	（5）单击菜单【工件操作】→【工件装夹】，打开工件装夹对话框。 （6）选择【平口钳装夹】。 （7）单击【加紧上下调整▲】，使毛坯上表面高出钳口
安装 铣刀		（1）单击菜单【机床操作】→【刀具管理】，打开刀具库管理对话框。 （2）选择直径 12mm 的端铣刀。 （3）单击【添加到刀库】，选择【1号刀位】。 （4）选择 01 号刀位上的刀具。 （5）单击【添加到主轴】
输入 加工 程序		（1）单击 ⬜ 按键。 （2）单击【程序】菜单。 （3）单击 ＞ 菜单扩展键，找到【新程序】菜单。 （4）单击【新程序】。 （5）输入新程序名称"LZ1"。 （6）单击【确定】。 （7）用键盘输入加工程序。 G54 G90 G17 M03 S660 G00 Z50 X-25 Y25 Z10 G01 Z0 F50 X25 Y19 X-25 Y13 X25 Y7 X-25 Y1 X25 Y-5 X-25 Y-11 X25 Y-17 X-25 Y-23 X25 Z10 G00 Z50 S900 X-30 Y23 Z10 G01 Z-3 F50 X23 Y-23 X-23 Y30 Z10 G00 Z50 M30

步骤	软件界面	步骤说明
对刀 操作	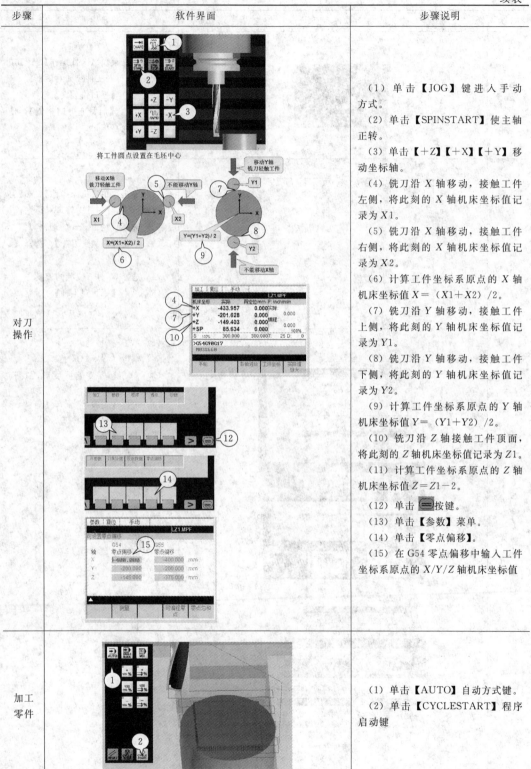 将工件圆点设置在毛坯中心	（1）单击【JOG】键进入手动方式。 （2）单击【SPINSTART】使主轴正转。 （3）单击【+Z】【+X】【+Y】移动坐标轴。 （4）铣刀沿 X 轴移动，接触工件左侧，将此刻的 X 轴机床坐标值记录为 $X1$。 （5）铣刀沿 X 轴移动，接触工件右侧，将此刻的 X 轴机床坐标值记录为 $X2$。 （6）计算工件坐标系原点的 X 轴机床坐标值 $X=(X1+X2)/2$。 （7）铣刀沿 Y 轴移动，接触工件上侧，将此刻的 Y 轴机床坐标值记录为 $Y1$。 （8）铣刀沿 Y 轴移动，接触工件下侧，将此刻的 Y 轴机床坐标值记录为 $Y2$。 （9）计算工件坐标系原点的 Y 轴机床坐标值 $Y=(Y1+Y2)/2$。 （10）铣刀沿 Z 轴接触工件顶面，将此刻的 Z 轴机床坐标值记录为 $Z1$。 （11）计算工件坐标系原点的 Z 轴机床坐标值 $Z=Z1-2$。 （12）单击 按键。 （13）单击【参数】菜单。 （14）单击【零点偏移】。 （15）在 G54 零点偏移中输入工件坐标系原点的 $X/Y/Z$ 轴机床坐标值
加工 零件		（1）单击【AUTO】自动方式键。 （2）单击【CYCLESTART】程序启动键

1.1.4　知识链接

1. 数控铣床的加工对象

数控铣床是主要以铣削方式进行零件加工的一种数控机床，同时还兼有钻削、镗削、铰削、螺纹加工等功能，它在企业中得到了广泛使用。数控铣床可以进行平面铣削、平面型腔铣削、外形轮廓铣削、三维及三维以上复杂型面铣削，还可进行钻削、镗削、螺纹切削等孔加工，如图 1.2 所示为数控铣床的加工对象。

（a）平面、轮廓、型腔铣削　　　　　（b）模具的复杂曲面铣削

图 1.2　数控铣床的加工对象

2. 数控铣床工作原理

使用数控铣床加工工件前，需要根据零件图纸上的形状、尺寸和技术要求，确定加工工艺，编写加工程序，再将加工程序通过输入装置存入数控装置 CNC 中。数控装置通过伺服驱动系统对机床的主运动和进给运动进行控制，实现要求的机械动作，自动完成零件加工任务，原理框图如图 1.3 所示。

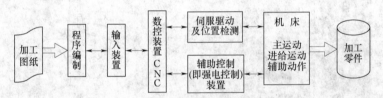

图 1.3　数控机床原理框图

数控装置也称为机床数控系统，简称 CNC。CNC 装置是数控机床的大脑，它接受加工程序后，对程序中的指令代码进行运算和逻辑处理，得到机床运动控制信号并发送给伺服驱动系统。伺服系统由电机驱动装置、伺服电机和滚珠丝杠螺母副组成，其作用是将机床运动信号转换成机床的运动。例如 CNC 接收到 X 轴移动指令 "G00 X10"，经过处理后将 X 轴运动信号发动给电机驱动装置，由该装置控制 X 轴伺服电机旋转，电机的旋转运动通过滚珠丝杠螺母副推动 X 轴工作台做直线进给运动，原理如图 1.4 所示。

3. 数控铣床的坐标系

在铣床中，铣刀的旋转运动称为"主运动"，铣刀相对工件的移动称为"进给运动"。为了确定机床进给运动的方向和移动距离，首先要指定参照物，其次还要在参照物上建立一个坐标系，如图 1.5 所示。

为了对机床进给运动的方向进行统一的描述，编程者选定工件为参照物，以刀具相对

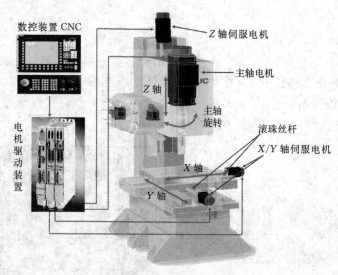

图 1.4 伺服驱动系统原理

于静止的工件运动来描述机床进给运动。

数控机床上的坐标系采用右手笛卡儿直角坐标系,大拇指的方向为 X 轴的正方向,食指为 Y 轴的正方向,中指为 Z 轴的正方向。在编制程序时,就以该坐标系来规定进给运动方向和移动距离。

图 1.5 铣床的运动

直角坐标系与立式铣床的位置关系如图 1.6 所示:Z 坐标轴平行于主轴轴线,同时刀具沿主轴轴线远离工件的方向为 Z 轴的正方向;X 坐标轴一般取水平方向并垂直于 Z 轴,操作者站立在工作台前面向立柱看,水平向右方向为 X 轴的正方向;Y 坐标轴垂直于 X、Z 坐标轴,其正方向根据右手直角笛卡儿坐标来进行判别。

数控铣床的机械结构(以床身式铣床为例),主要由床身、立柱、主轴箱、滑鞍和工作台等部件组成。工作台左右移动为 X 轴运动,滑鞍前后移动为 Y 轴运动,主轴箱上下移动为 Z 轴运动。

4. 数控加工程序格式

数控加工程序是一切加工信息的载体,编程者用程序对刀具在直角坐标系中的运动轨迹进行描述,数控机床的一切控制都是通过程序实现的。图 1.7 为例题的加工程序生成的刀具运动轨迹。

　　每个数控加工程序都必须有一个程序名，西门子系统的主程序命名规则：开始的两个字符必须是字母，其后的字符可以是字母、数字或下划线，802C 系统程序名最多为 8 个字符，主程序后缀名为".MPF"。例如：XQ1.MPF，XQ1_2.MPF。

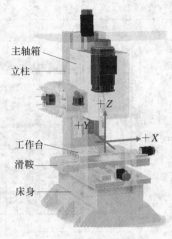

图 1.6　数控铣床坐标系

　　加工程序由许多程序段组成，每一行程序称为一个程序段。程序段又由若干程序字组成，每个程序字代表一条指令或坐标。例如：程序段 M03 S660，M03 程序字是主轴正转指令，S660 程序字指定主轴转速为 660r/min；程序段 G00 Z50，G00 程序字是快速定位指令，Z50 表示刀具移动到 Z 坐标轴+50mm 的位置。

　　5. 数控铣床分类

　　(1) 立式数控铣床，其主轴轴线垂直于机床工作台，如图 1.8 所示。其结构形式多为固定立柱，工作台为长方形，无分度回转功能。它一般具有 X、Y、Z 三个直线运动的坐标轴，适合加工盘、套、板类零件。

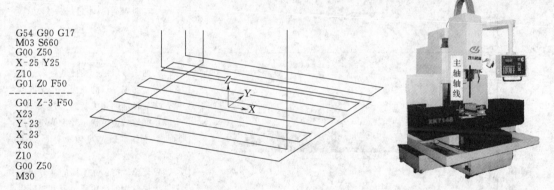

```
G54 G90 G17
M03 S660
G00 Z50
X-25 Y25
Z10
G01 Z0 F50
-----------
G01 Z-3 F50
X23
Y-23
X-23
Y30
Z10
G00 Z50
M30
```

图 1.7　刀具运动轨迹

图 1.8　立式数控铣床

图 1.9　卧式数控铣床

　　(2) 卧式数控铣床，其主轴轴线平行于水平面，如图 1.9 所示。卧式数控铣床通常带有自动分度的旋转工作台，它一般具有 3～5 个坐标，常见的是三个直线运动坐标加一个回转运动坐标，工件一次装夹后，完成除安装面和顶面以外的其余四个侧面的加工，它最适合加工箱体类零件。

　　6. 西门子 802C 铣床数控系统基础操作

　　西门子 802C 铣床数控系统基础操作见表 1.2。

表 1.2 西门子 802C 铣床数控系统基础操作

名称	外　观	功　能
系统操作面板	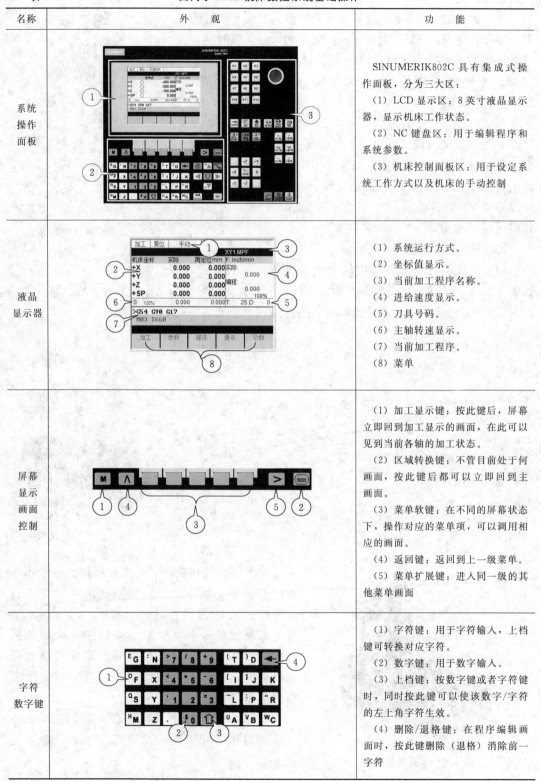	SINUMERIK802C 具有集成式操作面板，分为三大区： （1）LCD 显示区：8 英寸液晶显示器，显示机床工作状态。 （2）NC 键盘区：用于编辑程序和系统参数。 （3）机床控制面板区：用于设定系统工作方式以及机床的手动控制
液晶显示器		（1）系统运行方式。 （2）坐标值显示。 （3）当前加工程序名称。 （4）进给速度显示。 （5）刀具号码。 （6）主轴转速显示。 （7）当前加工程序。 （8）菜单
屏幕显示画面控制		（1）加工显示键：按此键后，屏幕立即回到加工显示的画面，在此可以见到当前各轴的加工状态。 （2）区域转换键：不管目前处于何画面，按此键后都可以立即回到主画面。 （3）菜单软键：在不同的屏幕状态下，操作对应的菜单项，可以调用相应的画面。 （4）返回键：返回到上一级菜单。 （5）菜单扩展键：进入同一级的其他菜单画面
字符数字键		（1）字符键：用于字符输入，上档键可转换对应字符。 （2）数字键：用于数字输入。 （3）上档键：按数字键或者字符键时，同时按此键可以使该数字/字符的左上角字符生效。 （4）删除/退格键：在程序编辑画面时，按此键删除（退格）消除前一字符

续表

名称	外观	功能
光标移动翻页键		（1）报警应答键：报警出现时，按此键可以消除部分报警（取决于报警级别）。 （2）光标向上/翻页键：向上移动光标或向上翻页。 （3）光标向下/翻页键：向下移动光标或向下翻页。 （4）选择/转换键：在设定参数时，按此键可以选择或转换参数。 （5）光标向右键。 （6）空格键：插入空格符。 （7）回车/输入键：确认所输入的参数或者换行
自定义功能键		（1）【K1】～【K12】用户自定义键（带 LED）：用户可以编写 PLC 程序进行键的定义，【K1】为进给使能，【K6】为冷却液开关。 （2）急停按钮：按下使机床立即停止运动
运行方式键		（1）增量选择键：在 JOG 方式下，按此键可以进行增量方式的选择，范围为：1，10，100，1000。 （2）点动方式键：按此键切换到手动方式。 （3）参考点方式键：在此方式下运行回参考点。 （4）自动方式键：按此键切换到自动方式，按照加工程序自动运行。 （5）单段方式键：可以按此键设定单段方式，程序按单段运行。 （6）MDI 方式键：在此方式下手动编写程序，然后自动执行
主轴功能键		（1）主轴正转。 （2）主轴停止。 （3）主轴反转

续表

名称	外　观	功　能
点动键		（1）X轴点动正向键：在手动方式下按此键，X轴在正方向点动。 （2）Y轴点动正向键。 （3）Z轴点动正向键。 （4）快速运行叠加键：同时按此键和一个坐标轴点动键，坐标轴按照快速进给速度点动
倍率键	说明：数控机床的实际运动速度＝编程速度×倍率 例如：编程进给运动速度为120mm/min，当进给倍率为100%时，实际进给速度为120mm/min，当进给倍率为50%时，实际进给速度为60mm/min	（1）进给轴倍率增加键：进给轴倍率大于100%时LED亮；达到120%时LED闪烁。 （2）主轴倍率增加键。 （3）进给轴倍率100%键：按此键大于1.5s时，进给轴倍率直接变为100%。 （4）主轴倍率100%键。 （5）进给轴倍率减少键：进给轴倍率在0～100%时LED亮，降为0LED闪烁。 （6）主轴倍率减少键
启动停止键		（1）复位键：按此键，系统复位，当前程序中断执行。 （2）程序停止键：按此键，当前执行的程序中断执行，系统停止运行。 （3）程序启动键：按此键，系统开始执行加工程序
电子手轮		（1）坐标轴选择旋钮：选择当前要操作的坐标轴。 （2）倍率旋钮：指定手轮旋转一格时坐标轴的移动量，【X1】0.001mm，【X10】0.01mm，【X100】0.1mm。 （3）手摇脉冲发生器：顺时针旋转时坐标轴朝正向移动，逆时针旋转时坐标轴朝负向移动

7. 斯沃数控仿真软件使用说明

斯沃数控仿真软件基本操作见表1.3。

表 1.3 　　　　　　　　　　斯沃数控仿真软件基本操作

名称	外　观	功　能
机床模型视图操作	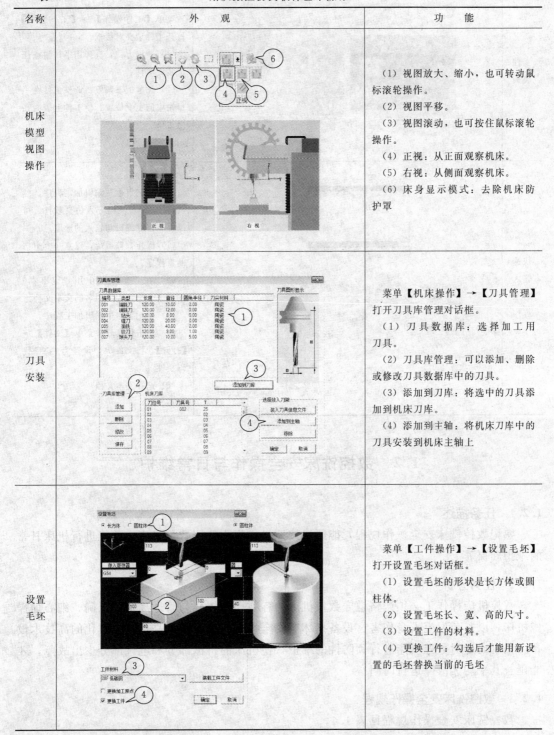	（1）视图放大、缩小，也可转动鼠标滚轮操作。 （2）视图平移。 （3）视图滚动，也可按住鼠标滚轮操作。 （4）正视：从正面观察机床。 （5）右视：从侧面观察机床。 （6）床身显示模式：去除机床防护罩
刀具安装		菜单【机床操作】→【刀具管理】打开刀具库管理对话框。 （1）刀具数据库：选择加工用刀具。 （2）刀具库管理：可以添加、删除或修改刀具数据库中的刀具。 （3）添加到刀库：将选中的刀具添加到机床刀库。 （4）添加到主轴：将机床刀库中的刀具安装到机床主轴上
设置毛坯		菜单【工件操作】→【设置毛坯】打开设置毛坯对话框。 （1）设置毛坯的形状是长方体或圆柱体。 （2）设置毛坯长、宽、高的尺寸。 （3）设置工件的材料。 （4）更换工件：勾选后才能用新设置的毛坯替换当前的毛坯

续表

名称	外　观	功　能
工件装夹	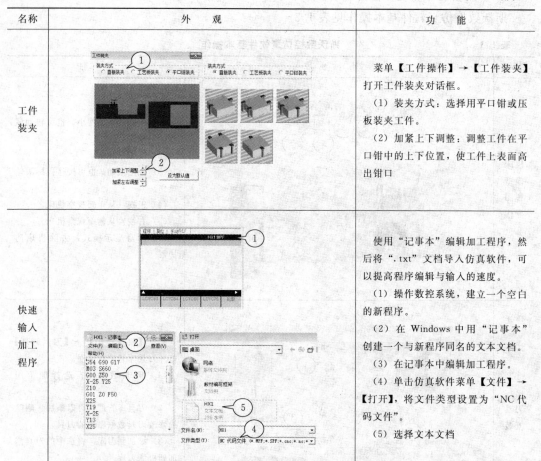	菜单【工件操作】→【工件装夹】打开工件装夹对话框。 （1）装夹方式：选择用平口钳或压板装夹工件。 （2）加紧上下调整：调整工件在平口钳中的上下位置，使工件上表面高出钳口
快速输入加工程序		使用"记事本"编辑加工程序，然后将".txt"文档导入仿真软件，可以提高程序编辑与输入的速度。 （1）操作数控系统，建立一个空白的新程序。 （2）在 Windows 中用"记事本"创建一个与新程序同名的文本文档。 （3）在记事本中编辑加工程序。 （4）单击仿真软件菜单【文件】→【打开】，将文件类型设置为"NC代码文件"。 （5）选择文本文档

1.2　数控铣床安全操作与日常维护

1.2.1　任务描述

熟记数控铣床安全操作规程，能严格按照操作规程使用数控机床，并能进行机床日常的维护和保养。

1.2.2　任务分析

数控机床操作工必须严格遵守数控机床的各项操作规程与管理规定，正确、细心地操作机床，以避免发生人身伤害、设备损坏等安全事故。数控铣床是机电一体化的高技术设备，只有通过对数控机床进行预防性的维护，使机床的机械部分和电气部分少出故障，才能延长其平均无故障运行时间。

1.2.3　数控铣床安全操作规程

数控铣床安全操作规程见表1.4。

表 1.4 数控铣床安全操作规程

安全操作要求	安全操作意义	违规后果
（1）操作机床时必须穿上工作服和安全防护鞋，长头发者需戴安全帽。 （2）操作过程中不能戴手套。 详见图1.10	（1）穿戴工作帽和工作服能有效防止操作者的头发、衣物被机床主轴等旋转部件缠绕。 （2）扎紧领口、袖口是为了防止机床加工时产生的高温切屑接触操作者的皮肤。 （3）穿长裤和防护鞋能防止地面的锋利切屑割伤腿脚	（1）操作者的头发、衣物、手套被机床主轴等旋转部件缠绕，造成重大人身伤害事故。 （2）被锋利的高温切屑割伤、烫伤
（3）编完程序后，要通过仿真软件检验无误后方可在机床上运行	在仿真环境中检查并修改程序，防止错误的程序在机床运行时造成撞刀事故	撞刀事故是指机床的刀具与工件、夹具等物件高速碰撞，导致刀具和机床的损伤。同时崩碎的刀具、毛坯飞出机床也可能造成人身伤害
（4）必须在操作步骤完全清楚时进行操作，遇到问题立即向教师询问，禁止在不知道规程的情况下进行尝试性操作	防止机床发生错误的运动而导致工件报废或者撞刀	工件报废、机床撞刀
（5）自动循环加工时，应关好防护拉门，虽然数控加工过程是自动进行的，但并不属无人加工性质，仍需要操作者经常观察，不允许随意离开生产岗位。 （6）记住急停按钮的位置，以便于在紧急情况下能够快速按下	（1）关闭防护门是为了防止加工中切屑和冷却液飞溅到机床外面。 （2）数控机床自动运行过程中可能会因为程序错误或者机床异常而导致机床出现错误的动作，操作者应及时发现并按下急停按钮，防止事故发生	（1）切屑和冷却液会污染工作环境，操作者可能被切屑割伤，或因地面湿滑而滑倒。 （2）机床错误动作会导致工件报废和机床撞刀
（7）操作中如机床出现异常，必须立即向指导教师报告	数控机床故障需要由专业人员进行处理，否则可能引起更加严重的后果	在不了解数控机床结构和工作原理的情况下随意处理机床故障，可能引发触电或机器伤人事故，也会使故障进一步扩大
（8）安装刀具或工件时，应使主轴及各运动轴停止运转。 （9）在主轴旋转同时需要进行手动操作时，一定要使自己的身体和衣物远离旋转及运动部件，以免将衣物卷入造成事故	防止操作者身体与机床的运动部件发生接触	机床旋转中的主轴和移动部件会造成人身伤害
（10）铣刀在做进给运动之前，必须首先使主轴旋转	防止未旋转的铣刀与工件接触	在主轴停止的状态下，铣刀与工件接触，会导致铣刀损坏

安全操作要求	安全操作意义	违规后果
（11）自动循环加工开始时应降低进给倍率和快速倍率，在确认刀具路径正常后再将倍率调整至100%	首次加工零件容易发生程序或对刀错误，降低进给倍率使操作者发现错误时能及时停机	机床进行快速定位时刀具以较高的速度移动，当出现错误时操作者没能及时反应，会发生撞刀事故
（12）所有的工具和量具必须放入工具车，不允许在机床上放置任何东西	防止机床运行时的振动导致工具掉落	工具掉落不仅会使工具损坏，还可能因为工具砸到操作者造成人身伤害
（13）机床上的配电柜的门不能随便打开，更不允许触碰电器设备，防止触电	机床配电柜内部安装有大量的电器和电路，最高电压为380V，关闭柜门能防止外部灰尘液体接触电路，也能防止触电事故	加工环境的金属粉尘和切削液进入配电柜，会引起电路短路，损伤电器设备。配电柜内部有大量裸露的线路，一旦和人体接触就会引起触电事故
（14）清扫机床时，应先停机，注意不能直接用手清理刀盘及排屑装置里的铁屑	防止锋利的切屑割伤操作者	切屑割伤操作者
（15）数控机床开机流程：按下急停按钮→接通机床电源→数控系统开机→松开急停按钮。 （16）数控机床关机流程：按下急停按钮→数控系统关→切断机床电源	数控机床在开机和关机过程中可能会产生一些不稳定的状态，按下急停按钮能防止机床发生意外动作	机床不稳定状态导致的意外动作会引发事故

1.2.4　数控铣床日常维护保养

（1）安装有自动润滑泵的机床，需要在每次使用机床前检查油池的油量，当油池内油量低于下划线时，要加入适量润滑油（不超过油池上划线），如图1.11所示。如果油位长时间不变，说明润滑泵可能出现故障，必须及时修复。

图1.10　机床操作安全人

图1.11　自动润滑泵

（2）加工结束后，操作人员需清理干净机床工作台面和导轨上的切屑，离开机床前，必须关闭主电源。

（3）在每周末和节假日前，需要彻底清洁机床，清除油污。

（4）机床上的各种铭牌及警告标志需小心维护，不清楚或损坏时需更换。

1.3 综合训练项目

（1）认真查阅实训室数控铣床使用手册中关于机床日常维护保养的要求。

（2）在教师指导下为数控铣床加注润滑油。

（3）在教师指导下对数控铣床进行清扫。

平 面 铣 削

知识目标：

（1）掌握铣削平面的工艺知识。

（2）掌握数控铣削平面零件的编程指令。

（3）掌握铣削平行垫块的精度控制方法。

（4）掌握机床坐标系、工件坐标系的特点。

（5）理解数控铣床对刀原理。

（6）掌握数控铣床 Z 轴运动规则。

技能目标：

（1）能在数控铣床上用平口钳正确安装工件。

（2）能编写平面铣削加工程序。

（3）能应用平面铣削工艺知识，正确操作数控铣床加工出合格的平行垫块。

（4）能应用量具检测平行垫块的精度。

2.1 平 行 垫 块 铣 削

2.1.1 任务描述

加工图 2.1 所示平行垫块零件，毛坯尺寸为 85mm×60mm×35mm，毛坯材料为 45 号钢。制定合理的加工工艺并完成零件的加工。

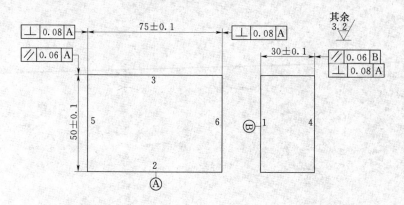

图 2.1 平行垫块零件图

2.1.2 任务分析

图 2.1 的零件的形状为长方体，尺寸精度等级为 IT10，6 个平面间有垂直度和平行度的要求，平面 3 对平面 2 的平行度公差为 0.06mm，平面 5、平面 6 和平面 4 对平面 2 的垂直度公差为 0.08mm，平面 4 对平面 1 的平行度公差为 0.06mm。全部表面粗糙度均为 $Ra3.2$。平行垫块零件对尺寸精度的要求不高，因此加工的重点在于保证 6 个面的形位公差复合要求。

2.1.3 实施步骤

2.1.3.1 平面铣削工艺

1. 工艺的概念

工艺是劳动者利用生产工具对各种原材料进行加工或处理，最终使之成为制成品的方法与过程。在数控加工领域，工艺就是利用数控机床将毛坯加工成零件的方法与过程，如图 2.2 所示。

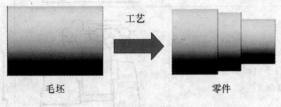

图 2.2　工艺

具体来说，数控加工工艺主要包含以下 4 个内容：

（1）如何对工件进行定位和装夹。

（2）加工过程需要分几个步骤进行。

（3）各工步选用什么刀具。

（4）各工步选用什么切削用量。

2. 铣削平行垫块的工艺路线

铣削平行垫块的工艺路线见表 2.1。

表 2.1　　　　　　　　　　铣削平行垫块的工艺路线

序号	工作内容	示意图	备　注
1	校正平口钳，使固定钳口与铣床 X 轴平行。 以面 2 为粗基准，靠向固定钳口，夹紧毛坯。 粗、精铣面 1，作为精基面		平口钳校正方法参考 2.1.4 知识链接
2	以面 1 为精基准靠向固定钳口，在活动钳口与工件间置圆棒装夹工件，铣削面 2		在活动钳口与工件之间放置圆棒，使夹紧力集中在钳口中部，利于面 1 与固定钳口可靠贴紧

序号	工作内容	示意图	备　注
3	以面 2 为基准靠向平口钳钳身导轨面，装夹时确保面 2 与钳身导轨面平行。铣削面 3		在工件基准面与钳身导轨面间垫一块大小合适的平行垫铁，夹紧后用手锤轻轻敲打工件，详见 2.1.4
4	以面 1 为基准靠向平口钳钳身导轨面上的平行垫铁，面 3 靠向固定钳口装夹工件。铣削面 4		确保面 1 与平行垫铁贴紧
5	以面 1 为基准靠向固定钳口，用 90°刀口角尺校正工件面 2 与平口钳钳身导轨面垂直，夹紧工件，铣削面 5		
6	以面 5 为基准靠向平口钳钳身导轨面，面 1 靠向固定钳口，夹紧工件，铣削面 6		确保面 5 与钳身导轨面贴紧

3. 平面加工方案的选择

平面加工方案见表 2.2。

表 2.2　　　　　平 面 加 工 方 案

加工方案	经济精度公差等级	表面粗糙度/μm	适用范围
粗铣（粗刨）→拉削	IT7~IT9	Ra0.2~0.8	用于大批量生产中的加工质量要求较高且面积较小的平面加工
粗铣（粗刨）	IT11~IT13	Ra6.3~2.5	适用于不淬硬的平面加工
粗铣（粗刨）→精铣（精刨）	IT8~IT10	Ra1.6~6.3	
粗铣（粗刨）→精铣（精刨）→刮研	IT6~IT7	Ra0.1~0.8	用于单件小批量生产中配合表面要求高且非淬硬平面的加工
粗铣（粗刨）→精铣（精刨）→宽刃细刨	IT6	Ra0.2~0.8	用于大批量生产中配合表面要求较高且非淬硬狭长平面的加工

加工方案	经济精度公差等级	表面粗糙度/μm	适用范围
粗铣（粗刨）→精铣（精刨）→粗磨	IT8～IT9	$Ra1.6～6.3$	适用于直线度及表面粗糙度要求较高的淬硬工件和薄片工件、未淬硬钢件上面积较大的平面精加工，不适宜加工塑性较大的有色金属
粗铣（粗刨）→精铣（精刨）→粗磨（粗电加工）→精磨（精电加工）	IT6～IT7	$Ra0.025～0.4$	
粗铣（粗刨）→精铣（精刨）→粗磨→精磨→研磨	IT5 以上	$Ra0.006～0.1$	用于精度高表面粗糙度要求高、硬度高的小型零件精密平面加工
粗车	IT11～IT13	$Ra12.5～50$	用于回转体零件的端面的加工，可较好地保证端面与回转轴线的垂直度要求
粗车→半精车	IT8～IT9	$Ra3.2～6.3$	
粗车→半精车→精车	IT7～IT8	$Ra0.8～1.6$	

根据零件的技术要求，参考表 2.2 平面加工方案，确定平行垫块加工方案为：使用立式数控铣床进行粗铣→精铣。

机械加工通常都要遵循"先粗后精"的原则：先对各表面进行粗加工，在较短时间内将工件各表面上的大部分多余材料切掉，留下少量加工余量。粗加工结束后再进行半精加工和精加工，使零件的尺寸精度和表面质量达到图纸要求。

4. 平面铣削刀具

可转位硬质合金面铣刀由一个刀体及若干硬质合金刀片组成，其结构如图 2.3 所示，刀片通过夹紧元件夹固在刀体上。硬质合金知识参考 2.1.4 知识链接。按主偏角 k_r 值的大小分类，可转位硬质合金面铣刀可分为 45°、90°、圆刀片等类型，如图 2.4 所示。

图 2.3　可转位硬质合金面铣刀

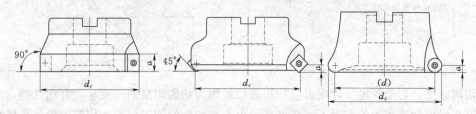

图 2.4　面铣刀类型

90°主偏角径向切削力大，轴向切削力小，适合铣削薄壁零件；45°主偏角径向和轴向切削力比较均衡，因此是普通面铣的首选；圆刀片的切削刃坚固，适合加工耐热合金。

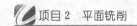

综合上述分析结果，选用 45°主偏角硬质合金面铣刀作为平行垫块的加工刀具，刀具直径比被加工面大 20%～50%，取直径 $d_c = 80\text{mm}$。

5. 选择切削用量

切削用量包括切削速度、切削深度（背吃刀量）、进给量，切削用量见表 2.3。

表 2.3　　　　　　　　切　削　用　量

切削用量	概　念	单位	计算公式	图　示
切削速度 (v_c)	在单位时间内，工件和刀具沿主运动方向的相对位移	m/min	$v_c = \dfrac{\pi D}{1000}$ D 为铣刀直径（mm）	
主轴转速 (n)	在单位时间内，主轴旋转的圈数	r/min		
进给量 (f)	主运动每转一圈，刀具与工件之间沿进给运动方向的相对位移	mm/r	$f_z = f/z$ z 为铣刀刃数	
每刃进给量 (f_z)	铣刀通常有多条切削刃，因此在铣削过程中刀具每转一圈的进给量会均匀分配到每条切削刃上，铣刀的进给量一般用每刃进给量表示	mm/z		
进给速度 (v_f)	单位时间内，刀具与工件之间沿进给运动方向的相对位移	mm/min	$v_f = nf = nf_z z$	
背吃刀量	铣刀与工件的切削过程中，有两个方向的背吃刀量，铣削深度 (a_p) 和铣削宽度 (a_e)	mm		

切削速度、切削深度（背吃刀量）和进给量称为切削用量的三要素，合理选择切削用量能够在保证加工质量的前提下，获得高的生产率和低的加工成本。切削用量的具体数值应根据机床说明书、切削用量手册，并结合经验而定。

（1）确定背吃刀量。当工件的加工精度较高时，需分粗、精加工两个步骤。粗加工选择铣削深度 a_p 的原则是在机床、工件和刀具刚度允许的情况下尽量取大值。而当加工平面的余量较大、无法一次去除时，则要进行分层铣削，否则会由于切削力过大而造成"闷车"或崩刃现象。粗加工完成后通常留 0.5～1mm 的余量进行精加工。

铣削宽度 a_e 与刀具直径 D 成正比，与铣削深度 a_p 成反比，$a_e = (0.6 \sim 0.8)D$。

（2）确定切削速度。切削速度 v_c 与刀具耐用度关系密切，随着 v_c 的增大，刀具耐用度急剧下降。因此应在保证合理刀具寿命的前提下，确定其铣削速度 v_c。粗铣时，确定铣削速度必须考虑到机床的许用功率。如果超过机床的许用功率，则应适当降低铣削速度。精铣时，较高的切削速度有利于保证表面质量。速度过高会加剧刀尖磨损从而影响加工精度。因此，应选用耐磨性较好的刀具材料，并尽可能使其在最佳铣削速度范围内工作。

（3）确定进给量。铣刀的进给量 f 大小直接影响工件的表面质量及加工效率。一般来说，粗加工时，限制进给量的主要因素是切削力，确定进给量的主要依据是机床、刀具、夹具和工件的刚度与强度。在强度、刚度许可的条件下，进给量应尽量取得大些。精加工时，限制进给量的主要因素是表面粗糙度，为了减小工艺系统的振动、提高已加工表面的质量，一般应选取较小的进给量。

综上所述，粗铣和精铣选择切削用量的原则如下：

1）粗铣时，应考虑尽可能提高生产率和保证必要的刀具寿命。其中切削速度对刀具寿命影响最大，背吃刀量对刀具寿命影响最小。因此，在机床工艺系统刚度允许的情况下，首先应选择一个尽可能大的背吃刀量，其次选择较大的进给量，最后在刀具使用寿命和机床功率允许的情况下选择一个合理的切削速度。

2）精铣时，应在保证加工质量（即加工精度和表面粗糙度）的前提下，兼顾刀具寿命和生产效率。因此，一般应选取较小的背刀量 a_p 和较小的进给量 f，并尽可能提高切削速度 v_c。

由于在加工程序中需要对机床主轴转速 n 和进给速度 v_f 进行控制，因此在确定切削用量三要素后，需要通过公式计算出主轴转速和进给速度。

表 2.4　　　　　　　　　　　　硬质合金面铣刀切削用量推荐表

工件材料	工序	铣削深度 a_p/mm	切削速度 v_c/(m/min)	每刃吃刀量 f_z/(mm/z)
钢 $\sigma = 52 \sim$ 70kg/mm²	粗	2～4	80～120	0.2～0.4
	精	0.5～1	100～180	0.05～0.2
钢 $\sigma = 70 \sim$ 90kg/mm²	粗	2～4	60～100	0.2～0.4
	精	0.5～1	90～150	0.05～0.15
钢 $\sigma = 100 \sim$ 110kg/mm²	粗	2～4	40～70	0.1～0.3
	精	0.5～1	60～100	0.05～0.1
铸铁	粗	2～5	50～80	0.2～0.4
	精	0.5～1	80～130	0.05～0.2
铝及其合金	粗	2～5	300～700	0.1～0.4
	精	0.5～1	500～1500	0.05～0.3

参考表 2.4 推荐值，平行垫块粗铣时切削用量取：

$$v_c = 80\text{m/min}, \ n = \frac{1000v_c}{\pi D} = \frac{1000 \times 80}{3.14 \times 80} = 318 \ (\text{r/min})$$

$$f_z = 0.2\text{mm/z}, \ v_f = n f_z z = 318 \times 0.2 \times 8 = 509 \ (\text{mm/min})$$

$$a_p = 2 \sim 4\text{mm}$$

精铣时切削用量取：

$$v_c = 130\text{m/min}, \ n = \frac{1000v_c}{\pi D} = \frac{1000 \times 130}{3.14 \times 80} = 518 \ (\text{r/min})$$

$$f_z = 0.08\text{mm/z}, \ v_f = n f_z z = 518 \times 0.08 \times 8 = 332 \ (\text{mm/min})$$

$$a_p = 0.5\text{mm}$$

6. 硬质合金面铣刀平面铣削刀路设计

刀路是刀具运动路径的简称。当刀具直径大于平面宽度时，铣削平行面可分为对称铣削、不对称逆铣与不对称顺铣三种方式。

（1）顺铣与逆铣（图 2.5）。当工件的进给方向 v_f 与铣削力 F 的方向相同时称为顺铣。顺铣使得刀片从最大切屑厚度开始切入，随后逐渐减小，刀片更容易切入工件，有利于延长刀具寿命，获得较好的表面质量。

当工件的进给方向 v_f 与铣削力 F 的方向相反时称为逆铣。逆铣使得刀片从零切屑厚度开始切入，随后逐渐增大，刀片与工件间的滑动摩擦较大，因此已加工表面的加工硬化现象较严重，刀具磨损量大。在丝杠有间隙时，逆铣能消除丝杠间隙，从而减小进给窜动。

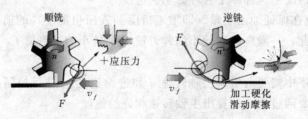

图 2.5　顺铣与逆铣

（2）对称铣削。铣削平行面时，铣刀轴线位于工件宽度的对称线上。如图 2.6（a）所示，这种铣削称为对称铣削。对称铣削时，刀齿在工件的前半部分为逆铣，在进给方向的铣削分力 F_{2f} 与工件进给方向相反；刀齿在工件的后半部分为顺铣，F_{1f} 与工件进给方向相同。对称铣削时，在铣削层宽度较窄和铣刀齿数少的情况下，由于 F_f 在进给方向上的交替变化，使工件和工作台容易产生窜动。另外，在横向的水平分力 F_c 较大，对窄长的工件易造成变形和弯曲。因此，只有在工件宽度接近铣刀直径时才采用对称铣削。

（3）不对称逆铣。铣削平行面时，铣刀轴线偏离工件宽度的对称线，且铣刀以较小的切屑厚度（不为零）切入工件，以较大的切屑厚度切出工件时，这种铣削称为不对称逆铣，如图 2.6（b）所示。采用不对称逆铣时，刀齿切入厚度小并且切入没有滑动，可以减小冲击，有利于提高铣刀的耐用度，适合铣削碳钢和一般合金钢。这是最常用的铣削方式。

（4）不对称顺铣。铣削平行面时，铣刀轴线偏离工件宽度的对称线，且铣刀以较大切屑厚度切入工件，以较小的切屑厚度切出工件时，这种铣削称为不对称顺铣，如图 2.6

（c）所示。不对称顺铣时，刀齿切入工件时虽有一定冲击，但可避免刀刃切入冷硬层。在铣削冷硬性材料或不锈钢、耐热钢等材料时，可使切削速度提高 40%～60%，并可减少硬质合金刀具的热裂磨损。

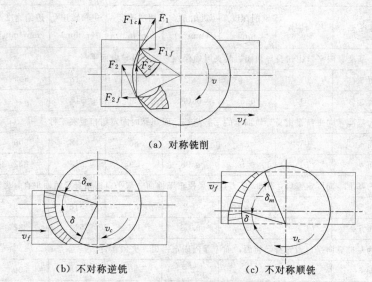

（a）对称铣削

（b）不对称逆铣　　　　（c）不对称顺铣

图 2.6　面铣刀平面铣削刀路

综合上述分析结果，平行垫块采用不对称逆铣刀路。

7. 编写工艺文件

综合上述各项分析结果，制订平行垫块零件数控加工刀具卡（表 2.5）和数控加工工序卡（表 2.6）。

表 2.5　　　　　　　　　　数 控 加 工 刀 具 卡

零件	平行垫块		姓名		组别	
序号	刀具编号	刀具名称	刀具规格		刀具材质	备　注
1	01	面铣刀	$\phi80$，主偏角 45°，8 齿		硬质合金	R245－080Q27－12H

表 2.6　　　　　　　　　　数 控 加 工 工 序 卡

单位		班级		姓名		组别	
零件	平行垫块	材料	45 号钢	夹具	平口钳	机床	数控立式铣床
工步	工步内容	刀具号	铣削深度/ mm	进给量/ (mm/z)	切削速度/ (m/min)	主轴转速/ (r/min)	进给速度/ (mm/min)	备注
装夹：以面 2 为粗基准，靠向固定钳口，夹紧毛坯								
1	粗铣面 1	01	2	0.2	80	318	509	
2	精铣面 1	01	0.5	0.08	130	518	332	
装夹：以面 1 为精基准靠向固定钳口，在活动钳口与工件间置圆棒装夹工件								
3	粗铣面 2	01	4	0.2	80	318	509	
4	精铣面 2	01	0.5	0.08	130	518	332	

续表

单位		班级		姓名			组别		
零件	平行垫块	材料	45 号钢	夹具	平口钳	机床	数控立式铣床		
工步	工步内容	刀具号	铣削深度/ mm	进给量/ (mm/z)	切削速度/ (m/min)	主轴转速/ (r/min)	进给速度/ (mm/min)	备注	
装夹：以面 2 为基准靠向平口钳钳身导轨面，装夹时确保面 2 与钳身导轨面平行									
5	粗铣面 3	01	4	0.2	80	318	509		
6	精铣面 3	01	0.5	0.08	130	518	332		
装夹：以面 1 为基准靠向平口钳钳身导轨面上的平行垫铁，面 3 靠向固定钳口装夹工件									
7	粗铣面 4	01	2	0.2	80	318	509		
8	精铣面 4	01	0.5	0.08	130	518	332		
装夹：以面 1 为基准靠向固定钳口，用 90 度刀口角尺校正工件面 2 与平口钳钳身导轨面垂直，夹紧工件									
9	粗铣面 5	01	4	0.2	80	318	509		
10	精铣面 5	01	0.5	0.08	130	518	332		
装夹：以面 5 为基准靠向平口钳钳身导轨面，面 1 靠向固定钳口，夹紧工件									
11	粗铣面 6	01	4	0.2	80	318	509		
12	精铣面 6	01	0.5	0.08	130	518	332		

2.1.3.2　平面铣削加工程序

数控机床的一切控制都是通过程序实现的。在数控铣床中，编程者选定工件为参照物，并在工件上建立一个直角坐标系，然后编写数控加工程序，控制刀具在直角坐标系中的运动轨迹。

1. 机床坐标系与工件坐标系

根据坐标系原点位置的设定，数控机床中的坐标系分为机床坐标系和工件坐标系。

（1）机床坐标系。机床坐标系是机床固有的坐标系，机床坐标系的原点也被称为机床原点。机床原点是机床生产厂家在机床上设置的一个固定点，它是数控机床进行加工运动的基准参考点。数控铣床的机床原点与铣床工作台的相互位置是固定不变的，它一般设在各坐标轴正方向运动的行程极限位置，如图 2.7 所示。运用数控系统的返回参考点功能，可以使机床各坐标轴自动回到机床原点位置。

（2）工件坐标系。工件坐标系是在数控编程时用来定义刀具相对工件运动轨迹的坐标系，工件坐标系的原点也称为工件原点。工件原点由编程者根据工件特点设定在工件上。工件原点的选择，通常遵循以下几点原则：

1）工件原点应选在零件图的尺寸基准上，以便于坐标值的计算，并减少错误。

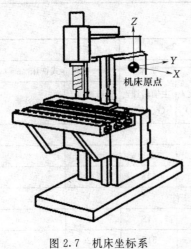

图 2.7　机床坐标系

2）工件原点应尽量选在精度较高的工件表面上，以提高被加工零件的加工精度。

3）Z轴方向上的工件坐标系原点，一般取在工件的上表面。

4）当工件对称时，一般以工件的对称中心作为 XY 平面的原点，如图 2.8 所示。

5）当工件不对称时，一般取工件其中的一个垂直交角处作为工件原点，如图 2.9 所示。

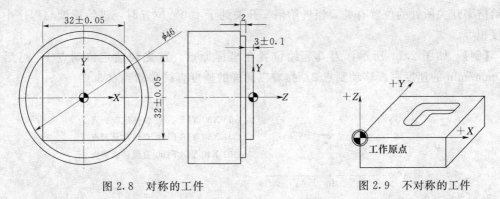

图 2.8　对称的工件　　　　　　　图 2.9　不对称的工件

综合以上分析结果，平行垫块的工件原点设置在被加工平面的对称中心位置。

（3）刀位点。刀位点是刀具的定位基准点，刀具在坐标系中的位置，实际上是指刀位点的位置。圆柱铣刀的刀位点是刀具中心线与刀具底面的交点，球头铣刀的刀位点是球头的球心点或球头顶点，如图 2.10 所示。

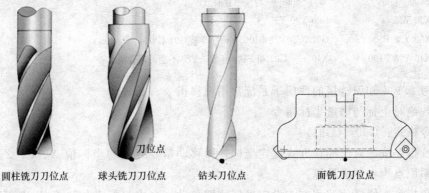

圆柱铣刀刀位点　　球头铣刀刀位点　　钻头刀位点　　面铣刀刀位点

图 2.10　铣刀的刀位点

2. 相关编程指令

（1）主轴运动指令。M03——主轴正转；M04——主轴反转；M05——主轴停止。主轴转速用 S 指令控制，单位为 r/min，例如：S600 表示主轴每分钟旋转 600 圈。

（2）冷却泵控制指令。M08——打开冷却泵；M09——关闭冷却泵。

（3）坐标轴进给运动指令。

1）G00——快速定位指令。该指令控制刀具以点定位方式从当前位置快速移动到坐标系中的另一指定位置，其移动速度由厂家预先设定。

指令格式：G00 X_Y_Z_。

其中，X_Y_Z_为刀具运动的目标点坐标。

2）G01——直线插补指令。该指令控制刀具从当前位置沿直线移动到目标点，其移动速度由程序指令 F 控制。它适合加工零件中的直线轮廓。

指令格式：G01 X_Y_Z_F_。

其中，X_Y_Z_为刀具运动的目标点坐标。

F_为指定刀具的进给速度，单位为 mm/min。刀具的实际进给速度通常与操作面板进给倍率开关所处的位置有关，当进给倍率开关处于 100％位置时，进给速度与程序中的速度相等。

【例】　如图 2.11 所示，刀具起始位置在坐标原点，首先快速定位到点 1，然后以 100mm/min 的速度直线移动到点 2，接着以同样的速度直线移动到点 3。

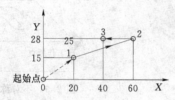

G00 X20 Y15　　　快速定位到点 1

G01 X60 Y28 F100 直线移动到点 2

G01 X40 Y28 F100 直线移动到点 3

图 2.11　G00/G01 示例

（4）模态指令。模态指令又称续效指令，模态指令一经程序段中指定，便一直有效，直到被同一组的功能指令替代或注销它为止。应用模态指令的特性可以简化加工程序。主轴控制指令和 G00、G01 指令都是模态指令，因此图 2.11 的程序可以简化如下：

M03 S600		M03 S600——后续一直有效
G00 X20 Y15	简化	G00 X20 Y15
G01 X60 Y28 F100	⟹	G01 X60 Y28 F100 ——G00 被 G01 替代
G01 X40 Y28 F100		X40 ——G01 和 F100 有效，Y28 不变可以省略

参考 2.1.4 知识链接的西门子系统常用编程指令。

（5）绝对坐标与增量坐标指令。

指令格式：G90/（G91）。

G90 指令按绝对值编程方式设定坐标，即移动指令终点的坐标值 X、Y、Z 都是以当前坐标系原点为参照来计算。

G91 指令按增量值编程方式设定坐标，即移动指令中目标点的坐标值 X、Y、Z 都是以前一点（运动轨迹起点）为参照来计算的，移动指令运动方向与坐标轴正方向同向取正值，反向则取负值。

G90/G91 指令均为模态指令，两者可以相互注销。

图 2.11 可以使用绝对坐标和增量坐标分别编写程序。

绝对坐标编程	增量坐标编程	
G90	G91	
M03 S600	M03 S600	
G00 X20 Y15	G00 X20 Y15	参照坐标原点增量
G01 X60 Y28 F100	G01 X40 Y13 F100	参照点 1 增量
X40	X－20	参照点 2 增量

（6）程序结束指令。

指令格式：M30。

M30 指令作为加工程序的最后一个程序段，其功能是停止机床的全部运动，并让程序指针返回程序的起始位置。

图 2.11 的完整程序如下：

G90

M03 S600

G00 X20 Y15

G01 X60 Y28 F100

X40

M30

3. Z 轴运动规则

为了保证铣刀能够安全高效的完成加工任务，如图 2.12 所示，铣刀在 Z 轴运动需要遵循以下规则：

（1）在工件顶面以上大约 50mm 的位置设定安全平面，确保铣刀在此平面上的移动不会和工件或夹具发生碰撞。铣刀应首先沿 Z 轴快速移动到安全平面，然后在此平面做 X/Y 轴快速定位到下刀位置。

（2）在工件顶面以上大约 10mm 的位置设定进刀平面，铣刀从安全平面沿 Z 轴快速移动到进刀平面。

（3）铣刀从进刀平面沿 Z 轴以切削进给速度移动到下切深度。

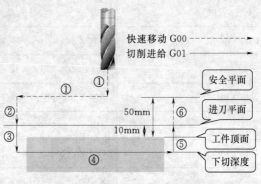

图 2.12　铣刀 Z 轴运动规则

（4）铣刀做 X/Y 轴切削进给运动。

（5）铣刀沿 Z 轴以切削进给速度返回进刀平面。

（6）铣刀沿 Z 轴快速移动返回安全平面。

4. 平行垫块铣削程序

依据平行垫块加工工艺，采用不对称逆铣刀路对垫块六个平面进行铣削加工，加工程序见表 2.7。

表 2.7　　　　　　　　　　平行垫块加工程序清单

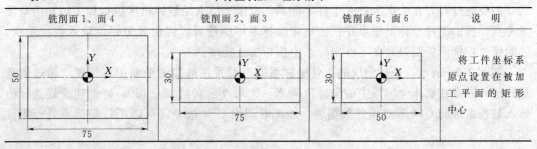

铣削面 1、面 4	铣削面 2、面 3	铣削面 5、面 6	说　明
			将工件坐标系原点设置在被加工平面的矩形中心

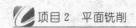
续表

铣削面 1、面 4	铣削面 2、面 3	铣削面 5、面 6	说　明
PXDK _ 14. MPF	PXDK _ 23. MPF	PXDK _ 56. MPF	程序名
G54 G90	G54 G90	G54 G90	初始化
M03 S318	M03 S318	M03 S318	粗加工转速
M08	M08	M08	开冷却泵
G00 Z50	G00 Z50	G00 Z50	定位到安全平面
X90 Y10	X90 Y20	X80 Y20	定位到下刀点
Z10	Z10	Z10	定位到进刀平面
G01 Z0.5 F509	G01 Z0.5 F509	G01 Z0.5 F509	定位到粗铣高度
X - 90	X - 90	X - 80	粗铣平面
Z10	Z10	Z10	抬刀到进刀平面
G00 Z50	G00 Z50	G00 Z50	抬刀到安全平面
S518	S518	S518	精加工转速
X90 Y10	X90 Y20	X80 Y20	定位到下刀点
Z10	Z10	Z10	定位到进刀平面
G01 Z0 F332	G01 Z0 F332	G01 Z0 F332	定位到精铣高度
X - 90	X - 90	X - 80	精铣平面
Z10	Z10	Z10	抬刀到进刀平面
G00 Z50	G00 Z50	G00 Z50	抬刀到安全平面
M30	M30	M30	程序结束

2.1.3.3　数控铣床对刀操作

1. 对刀原理

加工程序的编制是基于在零件图纸上建立的工件坐标系,当零件装夹在铣床工作台上后,需要通过对刀在铣床上建立工件坐标系。机床坐标系是数控机床进行加工运动的基准参考点,找出工件坐标系原点在铣床机床坐标系中的位置,将位置坐标值输入数控系统,才能使数控铣床控制刀具在工件坐标系中执行加工程序。

如图 2.13 所示,平行垫块的工件坐标系原点设置在被加工平面中心位置,通过测量得知工件原点在机床坐标系中的坐标值为 $X - 200$、$Y - 300$、$Z - 150$,将上述位置坐标值输入数控系统的 G54 零点偏置数据表,加工时调用 G54 指令即可以工件坐标系进行零件加工。

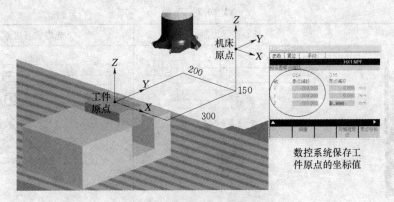

数控系统保存工
件原点的坐标值

图 2.13　工件原点与机床原点的关系

数控系统通常可以使用 G54～G59 指令存储 6 组不同的零点偏置值。

特别注意，工件装夹在铣床工作台上，需要对工件进行校正，令在机床上建立的工件坐标系各轴正方向与机床坐标系相应的各坐标轴一致。

2. 对刀方法

数控铣床对刀包括 XY 向对刀及 Z 向对刀两方面内容。对刀操作前应令各坐标轴返回参考点，使各轴从机床原点开始移动进行对刀。

（1）XY 向对刀（表 2.8）。

1）当工件原点设置在毛坯对称中心时。

X 向对刀过程：让刀具或对刀器缓慢靠近并接触工件侧边 A，记录此时对刀器中心点的机床坐标值 X_1；再用相同的方法使对刀器接触工件侧边 B，记录此时的机床坐标值 X_2；通过公式 $X=(X_1+X_2)/2$ 计算出工件原点相对机床原点在 X 向的坐标值，如图 2.14 所示。

Y 向对刀过程：重复上述步骤，使对刀器在 Y 方向接触工件，最终找出工件原点相对机床原点在 Y 向的坐标值。

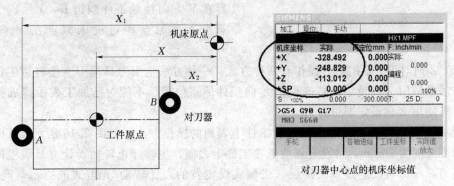

对刀器中心点的机床坐标值

图 2.14　中心对刀

在进行对刀操作时，必须根据工件加工精度要求来选择合适的对刀器。对于精度要求高且不能对已加工表面造成损伤的工件，常用寻边器找出工件原点相对机床原点的 X、Y 坐标值。

表 2.8　　　　　　　　　　　　　　　　**XY 向 对 刀 器**

铣　刀	偏心式寻边器	光电式寻边器
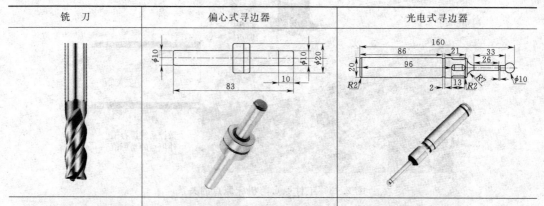		
对于精度要求不高的工件，常用立铣刀作为对刀器，以试切工件的方式找出工件原点相对机床原点的坐标值 X、Y	偏心式寻边器由固定端和测量端两部分组成。测量时固定端夹持于机床主轴，主轴低速旋转，测量端偏心摆动。让测量端接触工件，当测量端与固定端中心线重合时，读取坐标值	光电式寻边器的测量端为球面，测量时主轴不需要旋转，当测量端接触工件时，寻边器上的指示灯会点亮，此时读取坐标值。光电式寻边器只能测量金属导电工件

2）当工件原点设置在毛坯边角时。

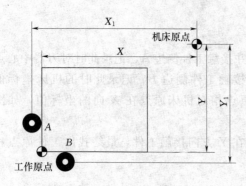

图 2.15　边角对刀

X 向对刀过程：让刀具或对刀器缓慢靠近并接触工件侧边 A，记录此时对刀器中心点的机床坐标值 X_1；通过公式 $X = X_1 + R$ 计算出工件原点相对机床原点在 X 向的坐标值，如图 2.15 所示。R 为对刀器半径，当工件原点在对刀器正向时 R 取正值，工件原点在对刀器负向时 R 取负值。

Y 向对刀过程：重复上述步骤，使对刀器在 Y 方向接触工件侧边 B，$Y = Y_1 + R$ 计算出工件原点相对机床原点在 Y 向的坐标值。

（2）Z 向对刀。Z 向对刀操作有两种方式：一种方法是用刀具端刃直接轻碰工件；另一种方法是利用 Z 向设定器精确设定 Z 向工件原点位置。不能对已加工表面造成损伤的工件，需使用 Z 向设定器进行对刀。

用 Z 向设定器将 Z 向零点设定在工件上表面的操作方法：如图 2.16 所示，Z 向设定器的标准高度为 50mm，将设定器放置在工件上表面，主轴停止转动，让刀具缓慢向下移动，当刀具端刃与设定器顶面接触（机械式设定器的表针转动/光电式的指示灯亮）时，记录此时刀具端面中心点的机床坐标值 Z_1，Z_1 减去 50 后即为工件原点相对机床原点的 Z 向坐标值。注意光电式 Z 向设定器只能用于金属导电工件的测量。

通过 Z 向对刀操作，还能设定工件在 Z 向的加工余量，如图 2.17 所示，假设精铣平面时 Z 轴坐标值为零，在 Z 向预留的加工余量为 p（mm）。当铣刀端刃接触毛坯上表面时，记录刀具端面中心点的机床坐标值 Z_1，则工件原点相对机床原点的 Z 向坐标值为 $Z_1 - p$。

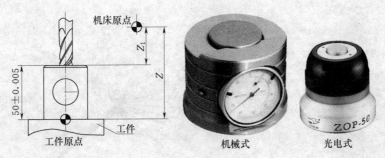

图 2.16 Z 向对刀

3. 平行垫块零件对刀

由于平行垫块的铣削加工过程需要六次装夹，因此每个平面的铣削都需要进行一次对刀操作。工件坐标系原点设置在被加工表面的对称中心，首先在主轴装上光电式寻边器做 XY 向对刀，然后换上面铣刀并启动主轴，让铣刀端刃接触毛坯表面做 Z 向对刀。

2.1.3.4 加工质量检测

使用游标卡尺测量平行垫块长、宽、高的尺寸精度，测量平行度、垂直度形位公差则使用 90°刀口角尺、塞尺和百分表。常用量具的使用方法见 2.1.4 知识链接。

1. 平行度检测方法

将平行垫块的基准面放在精密平板上，用磁性表座和百分表测量与基准面有平行关系的面，如图 2.18 所示，先在平面上取一基准点并将百分表调零，在平台上移动百分表，测量被测平面，观察记录百分表与基准零点的偏移值，将正负方向的偏差最大值相加，得到该平面的平行度误差值。

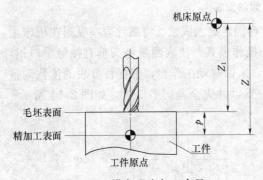

图 2.17 设定 Z 向加工余量

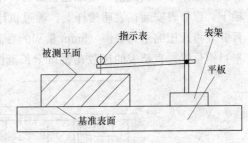

图 2.18 平行度测量

2. 垂直度检测方法

用 90°刀口角尺贴近待测量的两个相互垂直平面，使角尺的一个边紧贴基准平面，观察另一个面与角尺的透光程度，再用塞尺去测量，能插入的塞尺厚度值即定义为垂直度误差。

2.1.4 知识链接

1. 平口钳的安装校正

平口钳又称为机用虎钳，是一种通用夹具，常用于装夹形状规则小型工件，将其固定在机床工作台上，用来夹持工件进行切削加工。

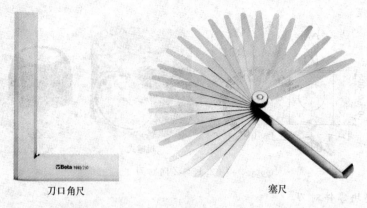

刀口角尺　　　　　　　　　　　　塞尺

图 2.19　刀口角尺与塞尺

在安装平口钳之前，应先擦净钳座底面和机床工作台面，然后将平口钳轻放到机床工作台面上。平口钳有两个定位基准面——固定钳口和钳身导轨面，通过校正使固定钳口与机床 X 轴进给方向平行，钳身导轨面与工作台面或 XY 坐标平面平行，如图 2.20 所示。

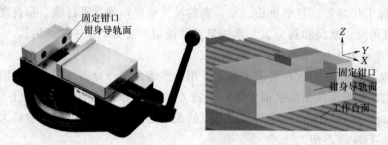

图 2.20　平口钳的安装

在校正平口钳之前，用螺栓将其与机床工作台固定约六成紧。将磁性表座吸附在机床主轴上，百分表安装在表座接杆上，通过机床手动操作模式，使表测量触头垂直接触平口钳，百分表指针压缩量为 2 圈（5mm 量程的百分表），来回移动工作台，根据百分表的读数调整平口钳位置，直至表的读数在钳口全长范围内一致，并完全紧固平口钳，如图 2.21 所示。

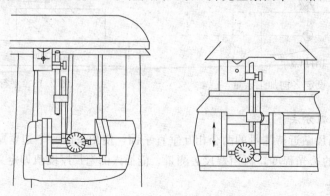

图 2.21　用百分百校正平口钳

2. 工件在平口钳上的装夹

（1）毛坯件的装夹。装夹毛坯件时，应选择一个平整的毛坯面作为粗基准，靠向平口钳的固定钳口。装夹工件时，在活动钳口与工件毛坯面间垫上铜皮，确保工件可靠夹紧。

（2）具有已加工表面工件的装夹。在装夹表面已加工的工件时，应选择一个已加工表面作精基准面，将这个基准面靠向平口钳的固定钳口或钳体导轨面，完成工件装夹。

工件的基准面靠向平口钳的固定钳口时，可在活动钳口间放置一圆棒，并通过圆棒将工件夹紧，这样能够保证工件基准面与固定钳口很好地贴合。圆棒放置时，要与钳口上平面平行，其高度在钳口所夹持工件部分的高度中间，或者稍偏上一点，如图 2.22（a）所示。

工件的基准面靠向钳体导轨面时，在工件基准面和钳体导轨平面间垫一大小合适且加工精度较高的平行垫铁。夹紧工件后，用手锤轻击工件上表面，同时用手移动平行垫铁，垫铁不松动时，工件基准面与钳身导轨平面贴合好。敲击工件时，用力大小要适当，并与夹紧力的大小相适应。敲击的位置应从已经贴合好的部位开始，逐渐移向没有贴合好的部位。敲击时不可连续用力猛敲，应克服垫铁和钳身反作用力的影响，如图 2.22（b）所示。

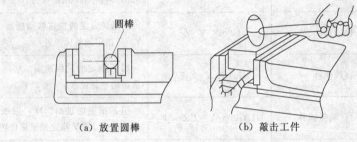

（a）放置圆棒　　　　　　（b）敲击工件

图 2.22　平口钳工件装夹

（3）工件在平口钳上装夹时的注意事项：安装工件时，应擦净钳口平面、钳体导轨面及工件表面；工件应安装在钳口比较中间的位置，并确保钳口受力均匀；工件安装时其铣削余量应高出钳口上平面，装夹高度以铣削尺寸高出钳口平面的 3～5mm 为宜。

3. 硬质合金

硬质合金是由碳化钨（WC）、碳化钛（TiC）、碳化钽（TaC）、碳化铌（NbC）等炭化物和 Fe 族（Fe、Co、Ni）金属粉末经过高温黏结相组成的粉末冶金产品。硬质合金可转位刀片现在都已用化学气相沉积法涂覆碳化钛、氮化钛、氧化铝硬层或复合硬层。涂层刀片的寿命与不涂层的相比提高 1～3 倍以上，如图 2.23 所示。

图 2.23　硬质合金刀片

4. 西门子系统常用编程指令

西门子系统常用编程指令见表 2.9。

表 2.9　　　　　　　　　西门子系统常用编程指令

地址	组别	含义	编程格式	说明
T		刀具号	T	一个刀具匹配 1～9 补偿地址 D，不设定自动默认 D01，刀具长度是通过 T 里的 D 地址设定
D		刀具补偿号	D	用于某个刀具 T 的补偿参数，D0 表示补偿值＝0，一个刀具最多有 9 个 D 号
F		进给率	F	恒定进给速度，对 G94 的单位为 mm/min，对应 G95 的单位为 mm/s
G00		快速移动	G00 X_Y_Z_	用系统设定的快速移动速度，移动到 X、Y、Z 指定的坐标位置
G01		直线插补	G01 X_Y_Z_F_	用 F 指定的进给速度，移动到 X、Y、Z 指定的坐标位置
G02	01	顺时针圆弧插补	G17G02X_Y_ CR=_F_	用 F 指定的进给速度，以顺时针圆弧路径移动到 X、Y 指定的坐标位置
G03		逆时针圆弧插补	G17G03X_Y_ CR=_F_	用 F 指定的进给速度，以逆时针圆弧路径移动到 X、Y 指定的坐标位置
G17		选择 XY 平面	G17	G17 平面为指定在 XY 平面上加工
G18	02	选择 XZ 平面	G18	G18 平面为指定在 XZ 平面上加工
G19		选择 YZ 平面	G19	G19 平面为指定在 YZ 平面上加工
G40		取消刀具半径补偿	G40	
G41	03	半径左补偿	G41	
G42		半径右补偿	G42	
G54～G59		第 1～第 6 个可设定的零点偏移	G54 或 G55、G56、G57、G58、G59	用于指定工件坐标系
G53		用程序段方式取消可设定零点偏移	G53	G53 为机床坐标系
G90	04	绝对坐标	G90	
G91		增量坐标	G91	
G94	05	指定进给速度的单位为 mm/min	G94	
G95		指定进给速度的单位为 mm/r	G95	
L		子程序名及子程序调用	L	L 后跟的数字为子程序名，如 L8，即调用子程序 L8，单独程序

地址	组别	含义	编程格式	说明
M0		程序停止	M0	
M1		有条件程序停止	M1	
M2		程序结束	M2	
M3		主轴正转	M3	
M4		主轴反转	M4	
M5		主轴停止	M5	
M8		冷却液开	M8	
M9		冷却液关	M9	
N		指定程序段	N_	N后跟数字
P		指定子程序调用次数	L_ P_	L指定子程序名，P指定子程序调用次数

5.常用量具的使用

（1）游标卡尺。

1）游标卡尺的读数方法。游标卡尺的读数部分主要由主尺和副尺（游标尺）组成，以分度值为 0.02mm 的游标卡尺为例，读数＝副尺零位指示的主尺整数＋副尺与主尺重合线数×0.02，如图 2.24 所示。

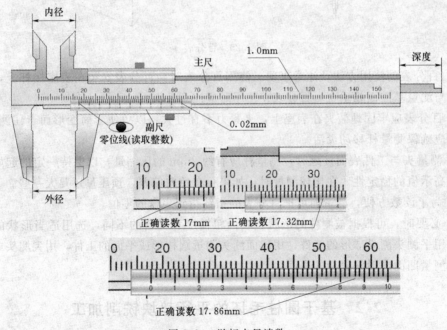

图 2.24 游标卡尺读数

2）游标卡尺的使用方法及注意事项。使用前应擦净卡脚，并将两卡脚闭合，检查主、副尺零线是否重合。若不重合，则在测量后根据原始误差修正读数。

用游标卡尺测量时，使卡脚逐渐与工件表面靠近，最后达到轻微接触。卡脚不得用力压紧工件，以免卡脚变形或磨损，从而影响测量的准确度。

（2）百分表。

1）百分表的工作原理。如图 2.25 所示，百分表的刻度盘圆周上刻成 100 等分，当测量杆上移 1mm 时，通过齿条齿轮传动机构，百分表大指针转动 100 个分度，由此可知，大指针转过一个分度就相当于测量杆移动 0.01mm。应用百分表，主要进行平行度、平面度校正或测量。

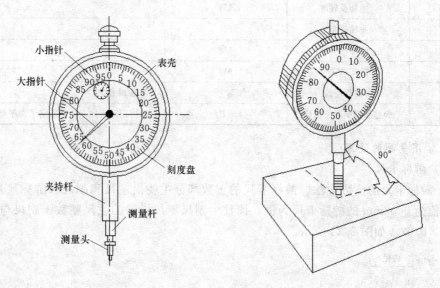

图 2.25　百分表

2）百分表的使用方法及注意事项。使用百分表时，百分表安装在表座接杆上，使测头轴线与测量基准面相垂直。百分表在使用时应注意几点。

a. 百分表应牢固地装夹在表座上，夹紧力不宜过大，以免使套筒变形而卡住测量杆。此外，应确保测量杆移动灵活。

b. 测量头与工件表面接触时，测量杆应有约 2mm 的压缩量，以保持一定的起始测量力，提高示值的稳定性。在比较测量时，如果存在负向偏差，预压量还要大一些。

c. 为了读数方便，测量前可把百分表的指针指到表盘的零位。

d. 必要时，可根据被测件的形状、表面粗糙度和材料的不同，选用适当形状的测量头。如用平测头测量球形的工件，用球面测头测量圆柱形或平面的工件，用尖测头或小球面测头测量凹面或形状复杂的表面。

2.2　基于圆柱毛坯的平行垫块铣削加工

2.2.1　任务描述

使用 $\phi16$ 立铣刀加工如图 2.26 所示平行垫块零件，毛坯尺寸为 $\phi60\times80mm$ 的圆柱棒料，毛坯材料为 45 号钢。制定合理的加工工艺并完成零件的加工。

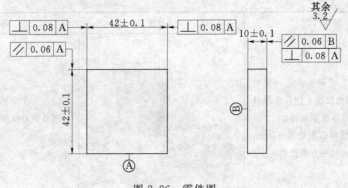

图 2.26 零件图

2.2.2 任务分析

图上零件的几何特征及精度要求与 2.1 平行垫块相同，区别在于该零件的毛坯为圆柱棒料，加工刀具采用直径较小的立铣刀。如图 2.27 所示，正方形位于 $\phi60$ 圆的中心，且四个顶角非常接近圆，因此如何均匀地铣削圆柱毛坯四周的余料是本零件加工的重点。

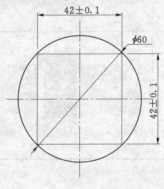

图 2.27 圆柱棒料

2.2.3 实施步骤

2.2.3.1 立铣刀平面铣削工艺

1. 铣削平行垫块的工艺路线

铣削平行垫块的工艺路线见表 2.10。

表 2.10 铣削平行垫块的工艺路线

序号	工作内容	示意图	备 注
1	将圆柱棒料夹持在平口钳中部，用 90°角尺校正圆柱中轴线与平口钳身导轨面垂直。 在圆柱顶部两侧铣削相互平行的台阶面		

37

续表

序号	工作内容	示意图	备　注
2	将圆柱毛坯调头，夹持台阶面，用90°角尺校正圆柱中轴线与平口钳身导轨面垂直。在圆柱顶部铣削边长42mm、高度15mm的正方形凸台		用立铣刀铣削上表面和四个侧面
3	用锯床将正方形凸台从圆柱毛坯上切割下来		切割后的正方形凸台厚度约为13mm
4	以精加工平面为基准靠向平口钳钳身导轨面上的平行垫铁，铣削切断平面		在工件基准面与钳身导轨面间垫一块大小合适的平行垫铁，夹紧后用手锤轻轻敲打工件，确保与平行垫铁贴紧

2. 立铣刀

立铣刀也可用进行平面铣削。常用立铣刀的类型，如图 2.28 所示。

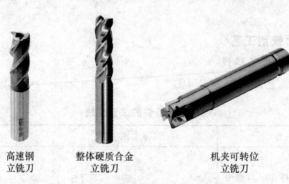

高速钢
立铣刀

整体硬质合金
立铣刀

机夹可转位
立铣刀

图 2.28　常用立铣刀的类型

如图 2.29 所示，立铣刀的圆柱表面和端面上都有切削刃，圆柱表面的切削刃称为外周刃，端面的切削刃称为底刃。它们可同时进行切削，也可单独进行切削。立铣刀做径向进给时外周刃为主切削刃，立铣刀做轴向进给时底刃为主切削刃。

外周刃一般为螺旋齿，可以增加切削平稳性，提高加工精度。为了改善切屑卷曲情况，增大容屑空间，防止切屑堵塞，刀齿数比较小，容屑槽圆弧半径则较大。一般粗齿立铣刀齿数 $z = 3 \sim 4$，细齿立铣刀齿数 $z = 5 \sim 8$。标准立铣刀的螺旋角为 $40° \sim 50°$（粗齿）和 $30° \sim 35°$（细齿）。

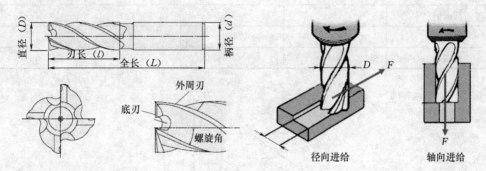

图 2.29　立铣刀结构

3. 立铣刀的安装

立铣刀通过刀柄与机床主轴连接，刀柄一般采用 7：24 锥面与主轴锥孔配合定位。

图 2.30　弹簧夹头刀柄

如图 2.30 所示弹簧夹头刀柄为例，说明立铣刀安装步骤如下：

（1）根据立铣刀直径选择合适的弹簧夹头，并擦净各安装部位。

（2）首先将弹簧夹头压入螺母中，然后将螺母旋入刀柄，最后将铣刀插入弹簧夹头。

（3）将刀柄放在锁刀座上，使锁刀座的键对准刀柄上的键槽，用专用扳手顺时针拧紧螺母。

安装铣刀时的注意事项如下：

（1）尽量缩短铣刀伸出刀柄长度，提高铣刀刚性。

（2）禁止将加长套筒套在专用扳手上拧紧刀柄，也不允许用铁锤敲击专用扳手的方式紧固刀柄。

（3）装卸刀具时务必弄清扳手旋转方向，特别是拆卸刀具时的旋转方向，否则将影响刀具的装卸，甚至损坏刀具或刀柄。

4. 选择切削用量

（1）确定背吃刀量。立铣刀的背吃刀量分为切削深度和切削宽度，如图 2.31 所示。粗加工选择铣削深度 a_p 的原则是在刀具刚度允许的情况下尽量取大值，一般情况下对于整体式立铣刀，切削深度 a_p 应小于或等于刀具半径，切削宽度 a_e 取 $(0.6 \sim 0.8)D$。粗加工完成后通常留 $0.2 \sim 0.5$mm 的余量进行精加工。立铣刀切削深度推荐表，见表 2.11。

表 2.11　　　　　　　　　　　　**立铣刀切削深度推荐表**　　　　　　　　单位：mm

工件材料	高速钢铣刀		硬质合金铣刀	
	粗铣	精铣	粗铣	精铣
铸铁	0.5～7	0.5～1	10～18	1～2
低碳钢	<5	0.5～1	<12	1～2
中碳钢	<4	0.5～1	<7	1～2
高碳钢	<3	0.5～1	<4	1～2

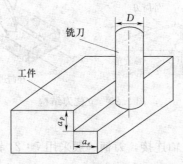

图 2.31　切削深度和切削宽度

（2）确定切削速度。立铣刀切削速度推荐表，见表 2.12。

表 2.12　　　　　　　　　　　　**立铣刀切削速度推荐表**　　　　　　　　单位：m/min

工件材料	铣削速度		说明
	高速钢铣刀	硬质合金铣刀	
低碳钢	20～45	150～190	
中碳钢	20～35	120～150	（1）粗铣时取小值，精铣时取大值。
合金钢	15～25	60～90	（2）工件材料强度和硬度较高时取小值，反之取大值。
灰口铸铁	14～22	70～100	（3）刀其材料耐热性好时取大值，反之取小值
黄铜	30～60	120～200	
铝合金	112～300	400～600	
不锈钢	16～25	50～100	

（3）确定进给量。立铣刀每刃进给量推荐表，见表 2.13。

表 2.13　　　　　　　　　　　　**立铣刀每刃进给量推荐表**　　　　　　　　单位：mm/z

刀具名称	高速钢铣刀		硬质合金铣刀	
	铸铁	钢件	铸铁	钢件
圆柱铣刀	0.12～0.2	0.1～0.15	0.2～0.5	0.08～0.20
立铣刀	0.08～0.15	0.03～0.06	0.2～0.5	0.08～0.20
套式面铣刀	0.15～0.2	0.06～0.10	0.2～0.5	0.08～0.20
三面刃铣刀	0.15～0.25	0.06～0.08	0.2～0.5	0.08～0.20

参考表 2.11～表 2.13 推荐值，$\phi 16$ 高速钢三刃立铣刀铣削平行垫块。

粗铣时切削用量取：

$v_c = 25\text{m/min}$，$n = 498\text{r/min}$

$f_z = 0.05\text{mm/z}$，$v_f = n f_z z = 498 \times 0.05 \times 3 = 75$（mm/min）

$a_p = 2 \sim 4\text{mm}$

精铣时切削用量取：

$v_c = 35\text{m/min}$，$n = 697\text{r/min}$

$f_z = 0.03\text{mm/z}$，$v_f = n f_z z = 697 \times 0.03 \times 3 = 63$（mm/min）

$a_p = 0.5\text{mm}$

5. 立铣刀铣削刀路设计

(1) 平面铣削刀路。立铣刀的刀具直径小于平面宽度，因此无法用一次进给切削完整个平面，需采用多次进刀切削。一般大面积平行面铣削有以下两种进给方式。

1) 平行进给，如图 2.32（a）、（b）所示。平行进给就是在一个方向单程走刀或往复直线走刀切削，两条平行刀路之间的距离称为行距。单向走刀加工平面度精度高，但切削效率低（每完成一次走刀，要通过安全平面定位到下次走刀的起点），往复直线走刀平面度精度低（因顺、逆铣交替），但切削效率高。对于要求精度较高的大型平面，一般都采用单向平行进刀方式。

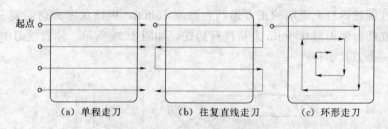

（a）单程走刀 （b）往复直线走刀 （c）环形走刀

图 2.32 立铣刀平面铣削刀路

2) 环形进给，如图 2.32（c）所示。这种加工方式的刀具总行程最短，生产效率最高，整个刀路可以始终保持顺铣或逆铣。如果采用直角拐弯，则在工件四角处由于要切换进给方向，造成刀具短暂停留在拐角处无进给切削，使工件四角被多切了一薄层，从而影响了加工面的平面度，因此在拐角处应尽量采用圆弧过渡。环形进给各段刀路的终点坐标计算相对复杂一些。

本项目圆柱上表面平面铣削采用往复直线走刀路径，如图 2.33 所示，行距取刀具直径的 $60\% \sim 80\%$，因此行距等于 10mm。

(2) 台阶面铣削刀路。台阶面铣削在刀具、切削用量选择等方面与平面铣削基本相同，但由于台阶面铣削除了要保证其底面精度之外，还应控制侧面精度，如侧面的平面度、侧面与底面的垂直度等，因此，在铣削台阶面时，刀具进给路线的设计与平行面铣削有所不同。以

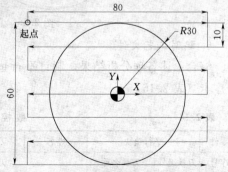

图 2.33 圆柱上表面铣削刀路

下介绍的是台阶面铣削常用的进刀路线。

1）一次铣削台阶面。当台阶面深度不大时，可以一次完成台阶面铣削，刀具进给路线如图 2.34（a）所示。如台阶底面及侧面加工精度要求高时，可在粗铣后留 0.2～0.5mm 余量进行精铣。

2）在深度方向分层铣削台阶面。当台阶面深度很大时，在深度方向分层铣削台阶面，如图 2.34（b）、（c）所示。这种铣削方式会使台阶侧面产生"接刀痕"，因此台阶的侧面需留 0.2～0.5mm 余量做一次精铣来消除侧面接刀痕。

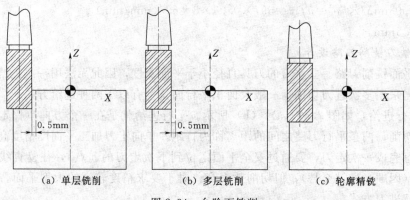

图 2.34　台阶面铣削

本项目在圆柱棒料上铣削的正方形凸台高度 15mm，因此深度方向需要分 4 层铣削，粗铣完成后在凸台侧面留 0.5mm 余量进行精铣，如图 2.35 所示。注意铣刀中心刀路要偏离凸台侧面一个刀具半径。

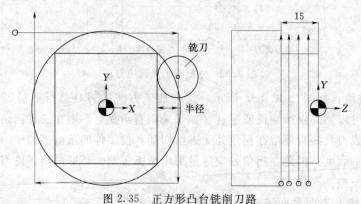

图 2.35　正方形凸台铣削刀路

6. 编写工艺文件

综合上述各项分析结果，制订平行垫块零件数控加工刀具卡（表 2.14）和数控加工工序卡（表 2.15）。

表 2.14　　　　　　　　　　数 控 加 工 刀 具 卡

零件	平行垫块		姓名		组别		
序号	刀具编号	刀具名称	刀具规格		刀具材质	备 注	
1	01	立铣刀	ϕ16，3 齿		高速钢		

表 2.15   数 控 加 工 工 序 卡

单位		班级		姓名			组别	
零件	平行垫块	材料	45 号钢	夹具	平口钳	机床	数控立式铣床	
工步	工步内容	刀具号	铣削深度/ mm	进给量/ (mm/z)	切削速度/ (m/min)	主轴转速/ (r/min)	进给速度/ (mm/min)	备注
装夹：夹持圆柱毛坯台阶面，用 90°角尺校正圆柱中轴线与平口钳钳身导轨面垂直								
1	粗铣上表面	01	2	0.05	25	498	75	
2	精铣上表面	01	0.5	0.03	35	697	63	
3	粗铣凸台侧面	01	4	0.05	25	498	75	4 层
4	精铣凸台侧面	01	15	0.03	35	697	63	
装夹：用锯床将正方形凸台从圆柱毛坯上切割下来。以精加工平面为基准靠向平口钳钳身导轨面上的平行垫铁，铣削切断平面								
5	粗铣上表面	01	2	0.05	25	498	75	
6	精铣上表面	01	0.5	0.03	35	697	63	

2.2.3.2 平行垫块铣削加工程序

依据平行垫块加工工艺，编写正方形凸台加工程序清单，见表 2.16。

表 2.16   正方形凸台加工程序清单

程 序 代 码	程 序 说 明
ZFX_1.MPF	程序名称，铣削正方形凸台
G54 G90	选择 G54 零点偏置，设置绝对坐标
M03 S498	主轴正转，498r/min
M08	打开冷却液
G00 Z50	快速定位到安全平面
X－40 Y30	定位到平面铣削起点上方
Z10	定位到进刀平面
G01 Z0.5 F75	定位到粗铣平面，进给速度 75mm/min
G91 G01 X80	增量坐标编程，X 轴正方向移动 80mm，粗铣平面
Y－10	向 Y 轴负方向移动 10mm
X－80	向 X 轴负方向移动 80mm
Y－10	向 Y 轴负方向移动 10mm
X80	向 X 轴正方向移动 80mm
Y－10	向 Y 轴负方向移动 10mm
X－80	向 X 轴负方向移动 80mm
Y－10	向 Y 轴负方向移动 10mm
X80	向 X 轴正方向移动 80mm
Y－10	向 Y 轴负方向移动 10mm

程 序 代 码	程 序 说 明
X－80	向 X 轴负方向移动 80mm
Y－10	向 Y 轴负方向移动 10mm
X80	向 X 轴正方向移动 80mm
G90 Z10	绝对坐标编程，返回进刀平面
G00 Z50 S697	快速返回安全平面，主轴 697r/min
X－40 Y30	定位到平面铣削起点上方
Z10	定位到进刀平面
G01 Z0 F63	定位到精铣平面，进给速度 63mm/min
G91 G01 X80	增量坐标编程，X 轴正方向移动 80mm，粗铣平面
Y－10	向 Y 轴负方向移动 10mm
X－80	向 X 轴负方向移动 80mm
Y－10	向 Y 轴负方向移动 10mm
X80	向 X 轴正方向移动 80mm
Y－10	向 Y 轴负方向移动 10mm
X－80	向 X 轴负方向移动 80mm
Y－10	向 Y 轴负方向移动 10mm
X80	向 X 轴正方向移动 80mm
Y－10	向 Y 轴负方向移动 10mm
X－80	向 X 轴负方向移动 80mm
Y－10	向 Y 轴负方向移动 10mm
X80	向 X 轴正方向移动 80mm
G90 Z10	绝对坐标编程，返回进刀平面
G00 Z50 S498	快速返回安全平面，主轴 498r/min
X－40 Y29.5	定位到正方形凸台粗铣起点上方，21＋8＋0.5＝29.5mm
Z10	定位到进刀平面
G01 Z－4 F75	定位到第一层粗铣深度，进给速度 75mm/min
X29.5	粗铣凸台侧面
Y－29.5	粗铣凸台侧面
X－29.5	粗铣凸台侧面
Y40	粗铣凸台侧面
Z－8	定位到第二层粗铣深度

续表

程 序 代 码	程 序 说 明
X－40 Y29.5	定位到正方形凸台粗铣起点
X29.5	粗铣凸台侧面
Y－29.5	粗铣凸台侧面
X－29.5	粗铣凸台侧面
Y40	粗铣凸台侧面
Z－12	定位到第三层粗铣深度
X－40 Y29.5	定位到正方形凸台粗铣起点
X29.5	粗铣凸台侧面
Y－29.5	粗铣凸台侧面
X－29.5	粗铣凸台侧面
Y40	粗铣凸台侧面
Z－15	定位到第四层粗铣深度
X－40 Y29.5	定位到正方形凸台粗铣起点
X29.5	粗铣凸台侧面
Y－29.5	粗铣凸台侧面
X－29.5	粗铣凸台侧面
Y40	粗铣凸台侧面
X－40 Y29 S697	定位到正方形凸台精铣起点，主轴 697r/min
X29 F63	精铣凸台侧面，进给速度 63mm/min
Y－29	精铣凸台侧面
X－29	精铣凸台侧面
Y40	精铣凸台侧面
Z10	返回进刀平面
G00 Z50	快速返回安全平面
M30	程序结束

　　正方形凸台切割后的平面铣削程序与圆柱上表面铣削类似，因此不再累述。

2.2.3.3 平行垫块零件对刀

　　由于平行垫块的铣削加工过程需要两次装夹，因此正方形凸台铣削和切割面铣削都需要进行一次对刀操作。工件坐标系原点设置在被加工表面的对称中心，首先在主轴装上光电式寻边器做 XY 向对刀（圆柱毛坯中心对刀步骤参考项目 1），然后换上立铣刀并启动主轴，让铣刀端刃接触毛坯表面做 Z 向对刀。

2.3 综 合 训 练 项 目

（1）图 2.36 所示六面体零件，材料为铝合金。编写加工工艺和程序，用仿真软件或数控铣床加工出合格的零件。

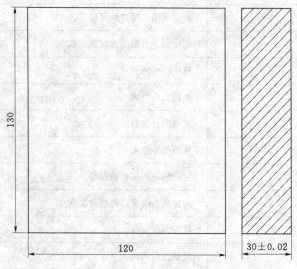

图 2.36　六面体零件

（2）图 2.37 所示为凸键，材料为 45 号钢。编写加工工艺和程序，用仿真软件或数控铣床加工出合格的零件。

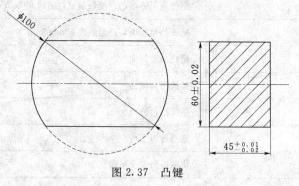

图 2.37　凸键

外 轮 廓 铣 削

知识目标:
(1) 掌握铣削零件外轮廓的工艺知识。
(2) 掌握数控铣削零件外轮廓的编程指令。
(3) 掌握铣削零件外轮廓的精度控制方法。

技能目标:
(1) 能编写零件外轮廓铣削加工程序。
(2) 能根据零件特征正确选择刀具及切削用量。
(3) 能编写子程序简化零件加工程序。
(4) 能应用量具检测零件外轮廓精度。

3.1 单 层 轮 廓 铣 削

3.1.1 任务描述

加工图 3.1 所示凸台零件,毛坯尺寸为 60mm×40mm×25mm,毛坯材料为 45 号钢。制定合理的加工工艺并完成零件的加工。

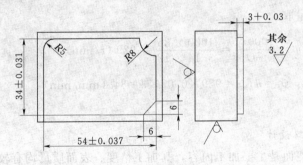

图 3.1 凸台零件

3.1.2 任务分析

图上零件的加工部位为凸台的上表面和侧面轮廓,其中包含直线轮廓和圆弧轮廓,尺寸精度等级为 IT9,54±0.037、34±0.031、3±0.03 是重点保证的尺寸,加工表面粗糙度均为 Ra3.2。仅对毛坯的上部进行加工,其余部位不加工,凸台轮廓尽量靠近毛坯中部。

3.1.3 实施步骤

3.1.3.1 外轮廓铣削工艺

1. 铣削凸台零件的工艺路线

平口钳装夹毛坯→粗、精铣上表面→粗、精铣凸台侧面轮廓。

2. 凸台零件铣削刀具

立铣刀的圆柱表面和端面上都有切削刃，因此能用于平面铣削和轮廓侧壁铣削。铣刀半径 R 应小于零件内凹轮廓面的最小曲率半径 R_{min}，一般取 $R=(0.8\sim0.9)R_{min}$。本项目选择 $\phi12$ 高速钢三刃立铣刀作为加工刀具。

3. 选择切削用量

立铣刀在粗铣时一次铣削工件的最大铣削深度 a_p，以不超过铣刀半径为原则，通常根据下列几种情况选择：

（1）当铣削宽度 $a_e<D/2$（D 为铣刀直径）时，取 $a_p=(1/3\sim1/2)D$。

（2）当铣削宽度 $D/2\leqslant a_e<D$ 时，取 $a_p=(1/4\sim1/3)D$。

（3）当铣削宽度 $a_e=D$（即满刀切削）时，取 $a_p=(1/5\sim1/4)D$。

本项目凸台高度 3mm，因此 $\phi12$ 立铣刀可以一次下刀至工件轮廓深度完成工件侧壁铣削。

参考项目 2 表 2.9～表 2.11 推荐值，$\phi12$ 高速钢三刃立铣刀铣削凸台零件。

粗铣时切削用量取：

$$v_c=25\text{m/min} \quad n=\frac{1000v_c}{\pi D}=\frac{1000\times25}{3.14\times12}=663\ (\text{r/min})$$

$$f_z=0.05\text{mm/z},\ v_f=nf_zz=663\times0.05\times3=100\ (\text{mm/min})$$

$$a_p=2\sim3\text{mm}$$

精铣时切削用量取：

$$v_c=35\text{m/min},\ n=\frac{1000v_c}{\pi D}=\frac{1000\times35}{3.14\times12}=929\ (\text{r/min})$$

$$f_z=0.03\text{mm/z},\ v_f=nf_zz=929\times0.03\times3=84\ (\text{mm/min})$$

$$a_p=0.5\text{mm}$$

4. 凸台铣削刀路设计

凸台零件轮廓侧面是主要加工内容，其加工精度、表面质量均有较高的要求，因此设计合理的轮廓铣削刀路非常重要。

（1）切入、切出轮廓路线设计。刀具切入、切出路线设计得合理与否，对保证所加工的轮廓表面质量非常重要。一般来说，刀具切入、切出轮廓路线的设计应尽可能遵循着沿着切线方向切入、切线方向切出工件的原则，避免在工件轮廓面上垂直切入、切出，划伤工件表面。

图 3.2（a）所示为垂直切出、切出工件轮廓，导致轮廓表面划伤。图 3.2（b）所示为在工件顶点位置用直线路径切入、切出轮廓。图 3.2（c）所示为采用圆弧路径切入、

切出工件轮廓。

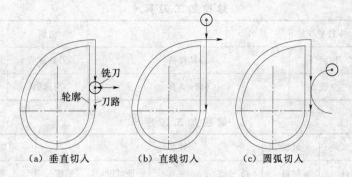

（a）垂直切入　　　　（b）直线切入　　　　（c）圆弧切入

图 3.2　切入、切出路径

（2）铣削方向的选择。进行零件轮廓铣削时有两种铣削方向，即顺铣与逆铣。顺铣与逆铣的基本特征在项目二中已经叙述，在此补充两点：

1）顺铣时，切削层厚度从最大开始逐渐减小至零，刀具产生向外"拐"的变形趋势，工件处于"欠切"状态，如图 3.3（a）所示。

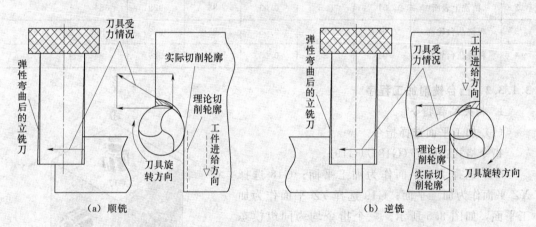

（a）顺铣　　　　　　　　　　　　（b）逆铣

图 3.3　轮廓顺铣、逆铣

2）逆铣时，切削层厚度从零逐渐增加到最大，刀具此时因"抓地"效应产生向内"弯"的变形趋势，工件处于"过切"状态，如图 3.3（b）所示。

为了提高刀具耐用度及工件表面质量，在进行轮廓铣削时一般都采用顺铣。

本项目凸台轮廓铣削刀路如图 3.4 所示，在 90°拐角顶点处切入、切出轮廓，铣刀沿着顺时针路径进给一周。

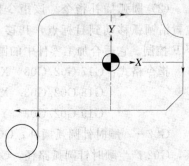

图 3.4　凸台轮廓铣削刀路

5.编写工艺文件

综合上述各项分析结果，制订凸台零件数控加工刀具卡（表 3.1）和数控加工工序卡（表 3.2）。

表 3.1   **数 控 加 工 刀 具 卡**

零件	凸台零件		姓名			组别	
序号	刀具编号	刀具名称	刀具规格			刀具材质	备注
1	01	立铣刀	φ12，3 齿			高速钢	

表 3.2   **数 控 加 工 工 序 卡**

单位		班级		姓名		组别		
零件	凸台零件	材料	45 号钢	夹具	平口钳	机床	数控立式铣床	
工步	工步内容	刀具号	铣削深度/ mm	进给量/ (mm/z)	切削速度/ (m/min)	主轴转速/ (r/min)	进给速度/ (mm/min)	备注
装夹：用平口钳装夹毛坯								
1	粗铣上表面	01	2	0.05	25	663	100	
2	精铣上表面	01	0.5	0.03	35	929	84	
3	粗铣凸台轮廓	01	3	0.05	25	663	100	
4	精铣凸台轮廓	01	3	0.03	35	929	84	

3.1.3.2 凸台铣削加工程序

1. 相关编程指令

（1）加工平面选择指令。

指令格式：G17/(G18)/(G19)。

G17 选择 XY 平面作为加工平面；G18 选择
XZ 平面作为加工平面；G19 选择 YZ 平面作为加
工平面，如图 3.5 所示。三个指令均为同组模态
指令，可以相互注销。

（2）圆弧插补指令。该指令控制刀具从当前
位置沿圆弧移动到目标点，其移动速度由程序指
令 F 控制。它适合加工零件中的圆弧轮廓。

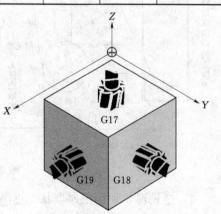

图 3.5 加工平面选择

指令格式：G17 G02/G03 X_ Y_ I_ J_ 或(CR=_)F_；
　　　　　G18 G02/G03 X_ Z_ I_ K_ 或(CR=_)F_；
　　　　　G19 G02/G03 Y_ Z_ J_ K_ 或(CR=_)F_。

G02——顺时针圆弧插补；G03——逆时针圆弧插补。从第三坐标轴的正向往负向观
察，G02 产生顺时针圆弧路径，G03 产生逆时针圆弧路径。根据右手笛卡尔直角坐标系确
立的 X/Y/Z 轴空间位置关系，图 3.6 所示的坐标平面的第三坐标轴正方向都指向读者。

圆弧插补轨迹是在 XY/XZ/YZ 三个坐标平面内的平面轨迹，用 G17/G18/G19 指令
选择圆弧插补平面。X、Y、Z 值为圆弧终点坐标值，可为绝对或增量坐标。

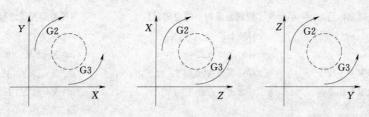

图 3.6 顺圆与逆圆

当已知了圆弧的起点、终点和方向，还需要确定圆弧的圆心位置或者圆弧半径，才能够完全定义一条圆弧轨迹。

1）确定圆弧圆心位置：圆心位置要求以相对"圆弧起点"的增量值来确定。在程序段中使用地址符 I、J、K 表示圆心相对于圆弧起点在 X、Y、Z 坐标的增量值，如图 3.7（a）所示。

2）确定圆弧半径：地址符 CR＝表示圆弧半径，该值的"正负"取决于圆弧圆心角的大小，若圆弧圆心角小于或等于 $180°$，则 CR 为正值；若圆弧圆心角大于 $180°$，则 CR 值为负。如图 3.7（b）所示。

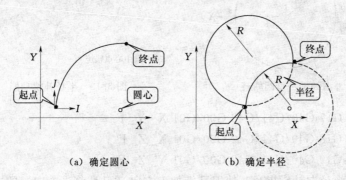

（a）确定圆心　　　　　　（b）确定半径

图 3.7 圆弧轨迹的确定

【例】图 3.8，刀具起点在（$X50$、$Y42$），首先从起点快速定位到 A 点，然后沿圆弧轨迹运动 $A—B—C$，进给速度 50mm/min。

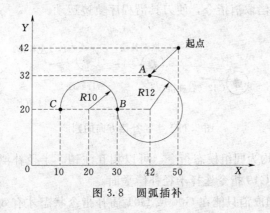

图 3.8 圆弧插补

用 R 编程（绝对坐标）：	用圆心编程（绝对坐标）：	用圆心编程（增量坐标）：
G90 G17	G90 G17	G91 G17
G00 X42 Y32	G00 X42 Y32	G00 X-8 Y-10
G02 X30 Y20CR=-12 F50	G02 X30 Y20 I0 J-12 F50	G02 X-12 Y-12 I0 J-12F50
G03 X10 Y20CR=10	G03 X10 Y20 I-10 J0	G03 X-20 Y0 I-10 J0

整圆轨迹只能用指定圆心的方式编程，如图 3.9 所示，以 a 点为起点和终点做逆时针圆弧插补：G03 X50 Y0 I-50 J0。

（3）半径补偿指令。在编制零件轮廓铣削加工程序时，实际的刀具运动轨迹与工件轮廓有一偏移量（即刀具半径）。应用数控系统的刀具半径补偿功能，使编程者能够以工件的轮廓尺寸作为轨迹进行编程，由数控系统根据编程轨迹自动计算出与工件轮廓有一偏移量的刀具运动轨迹，如图 3.10 所示。

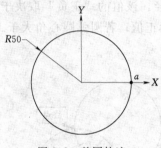

图 3.9 整圆轨迹

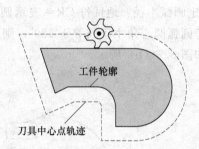

图 3.10 半径补偿功能

指令格式：G17 G40/G41/G42 G00/G01 X_ Y_ F_ ；
　　　　　G18 G40/G41/G42 G00/G01 X_ Z_ F_ ；
　　　　　G19 G40/G41/G42 G00/G01 Y_ Z_ F_ 。

G41：刀具半径左补偿指令，使刀具沿加工方向（刀具前进方向）的左侧偏移一个刀具补偿量，如图 3.11 所示。

G42：刀具半径右补偿指令，使刀具沿加工方向（刀具前进方向）的右侧偏移一个刀具补偿量。

G40：刀具半径补偿取消指令，使刀具沿程序轨迹运动。

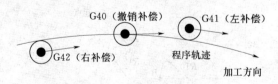

图 3.11 半径补偿方向的判断

G40、G41、G42 均为同组模态指令，可以相互注销。半径补偿功能只能用于平面运动轨迹，用 G17/G18/G19 指令选择半径补偿平面。

半径补偿的建立和取消只能在 G00 或 G01 插补指令状态才有效，即从直线路径开始建立半径补偿，再由直线路径结束半径补偿。

【例】用 $\phi 12$ 立铣刀沿顺时针方向铣削工件轮廓，刀具起点 a 坐标为（X90、Y-20），如图 3.12 所示，实线为编程轨迹，虚线为刀具实际运动轨迹，半径补偿示例程序，见表 3.3。

表 3.3 半径补偿示例程序

G41 G01 X80 Y0 F100	建立半径左补偿，编程轨迹 $a \to b$ 与刀具轨迹 $a \to b'$ 相交于 a 点
X0	编程轨迹 $b \to o$ 与刀具轨迹 $b' \to o'$ 平行，距离 6mm
Y40	编程轨迹与刀具轨迹平行，距离 6mm
G02 X10 Y50 CR=10	编程轨迹与刀具轨迹平行，距离 6mm
G01 X70	编程轨迹与刀具轨迹平行，距离 6mm
Y-10	编程轨迹 $e \to c$ 与刀具轨迹 $e' \to c'$ 平行，距离 6mm
G40 X90 Y-20	取消半径补偿，编程轨迹 $c \to a$ 与刀具轨迹 $c' \to a$ 相交于 a 点

使用半径补偿功能的注意事项：

1）由于建立半径补偿的编程轨迹与刀具运动轨迹相交于起点，因此不能从零件轮廓线上开始建立半径补偿，否则会造成工件过切。

2）由于取消半径补偿的编程轨迹与刀具运动轨迹相交于终点，因此不能从零件轮廓线上取消半径补偿，否则会造成工件过切。

3）当轮廓具有内凹圆弧时，半径补偿量不能大于内凹圆弧的曲率半径。

4）在执行半径补偿的过程中最好不要进行非补偿平面的移动，例如执行 XY 平面补偿时，不要进行 Z 轴移动。

图 3.13 所示为不正确的半径补偿建立与取消，在工件轮廓 $b \to o$、$e \to c$ 上建立和取消半径补偿，造成轮廓过切。不正确的半径补偿程序，见表 3.4。

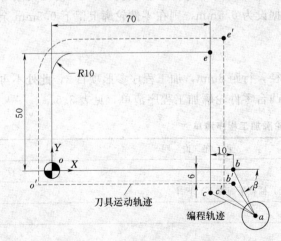

图 3.12 半径补偿的建立与取消

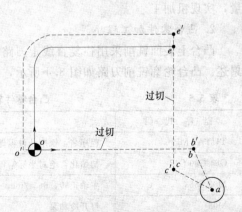

图 3.13 不正确的半径补偿建立与取消

表 3.4	不正确的半径补偿程序
G01 X80 Y0 F100	编程轨迹 $a \rightarrow b$ 与刀具轨迹 $a \rightarrow b'$ 一致
G41 X0	建立半径左补偿，编程轨迹 $b \rightarrow o$ 与刀具轨迹 $b' \rightarrow o$ 重叠，造成过切
Y40	编程轨迹与刀具轨迹平行，距离 6mm
G02 X10 Y50 CR=10	编程轨迹与刀具轨迹平行，距离 6mm
G01 X70	编程轨迹与刀具轨迹平行，距离 6mm
G40 Y−10	取消半径补偿，编程轨迹 $e \rightarrow c$ 与刀具轨迹 $e' \rightarrow c$ 重叠，造成过切
X90 Y−20	编程轨迹 $c \rightarrow a$ 与刀具轨迹 $c' \rightarrow a'$ 一致

图 3.14 所示为西门子 802C 系统刀具参数表，每一把刀具可以在 D1 到 D9 中保存补偿数据。例如在 T1 号刀具在 D1 中保存了刀具半径 6mm，在程序中写入 T1D1，则经过半径补偿后实际的刀具运动轨迹与工件轮廓的偏移量为 6mm。关于西门子系统刀具参数表的详细操作参考 3.1.4 知识链接。

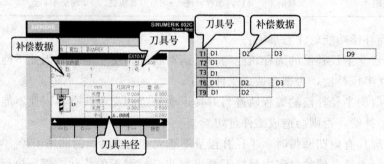

图 3.14　西门子 802C 系统刀具参数表

通过运用刀具半径补偿功能来编程，可以实现简化编程的目的。可以利用同一加工程序，只需对刀具半径补偿量作相应的设置就可以进行零件的粗加工、半精加工及精加工。例如，编写 $\phi 12$ 立铣刀铣削零件轮廓的加工程序，如果补偿数据设为 6mm，使刀具刚好切削到零件轮廓，实现精加工；将补偿数据设为 6.5mm，则在零件轮廓上留下 0.5mm 余量，实现粗加工。

2. 凸台零件加工程序

凸台上表面铣削采用往复直线走刀路径，行距 8mm，加工程序参照项目 2，此处不再累述。凸台轮廓铣削刀路如图 3.4 所示，凸台零件轮廓加工程序清单，见表 3.5。

表 3.5	凸台零件轮廓加工程序清单
程　序　代　码	程　序　说　明
TUTAI. MPF	程序名，铣削凸台零件
G54 G90 G17	初始化，绝对坐标编程，插补平面为 XY 平面
M03 S663	主轴正转，663r/min
M08	打开冷却泵
G00 Z50	快速定位到安全平面

程 序 代 码	程 序 说 明
X－47 Y－37	定位到轮廓铣削起点的上方，－（54/2）－20＝－47mm，－（34/2）－20＝－37mm
Z10	定位到进刀平面
G01 Z－3 F100	定位到轮廓深度，进给速度 100mm/min
T1D1	在 T1D1 刀具参数中，半径＝6.5mm
G41 X－27 Y－27	建立刀具半径左补偿
Y12	粗铣凸台轮廓
G02 X－22 Y17 CR＝5	粗铣凸台轮廓
G01 X19	粗铣凸台轮廓
G03 X27 Y9 CR＝8	粗铣凸台轮廓
G01 Y－11	粗铣凸台轮廓
Y－17 X21	粗铣凸台轮廓
X－37	粗铣凸台轮廓
G40 X－47 Y－37	取消半径补偿
T1D2	在 T1D2 刀具参数中，半径＝6mm
S929	主轴转速 929r/min
G41 X－27 Y－27 F84	建立刀具半径左补偿，进给速度 84mm/min
Y12	精铣凸台轮廓
G02 X－22 Y17 CR＝5	精铣凸台轮廓
G01 X19	精铣凸台轮廓
G03 X27 Y9 CR＝8	精铣凸台轮廓
G01 Y－11	精铣凸台轮廓
Y－17 X21	精铣凸台轮廓
X－37	精铣凸台轮廓
G40 X－47 Y－37	取消半径补偿
Z10	返回进刀平面
G00 Z50	快速返回安全平面
M30	程序结束

3.1.3.3　加工质量检测

使用游标卡尺测量凸台零件长、宽、高的尺寸精度，测量圆弧轮廓要使用半径规。半径规也称为 R 规、R 样板。半径规是利用光隙法测量圆弧半径的工具，有凸规和凹规之分，如图 3.15 所示。测量时必须使半径规的测量面与工件的圆弧完全的紧密的接触，当测量面与工件的圆弧中间没有间隙时，工件的圆弧度数则为此时候应的半径规上所表示的数字。由于是目测，故准确度不是很高，只能作定性测量。

凹规　　　　　　　凸规

图 3.15　半径规

3.1.4　知识链接

西门子 802C 系统刀具参数设置。西门子 802C 系统刀具参数设置，见表 3.6。

表 3.6　　　　　　　　　西门子 802C 系统刀具参数设置

步骤	软件界面	步骤说明
进入刀具补偿数据表	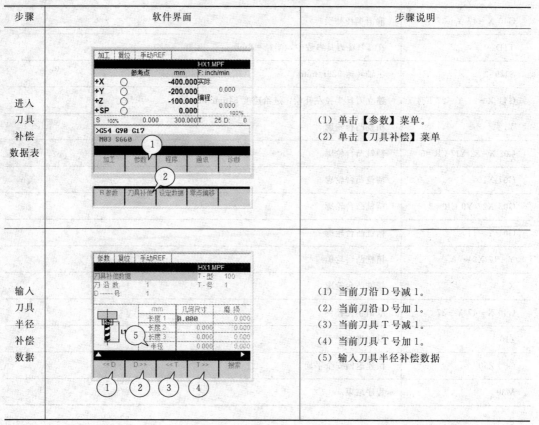	(1) 单击【参数】菜单。 (2) 单击【刀具补偿】菜单
输入刀具半径补偿数据		(1) 当前刀沿 D 号减 1。 (2) 当前刀沿 D 号加 1。 (3) 当前刀具 T 号减 1。 (4) 当前刀具 T 号加 1。 (5) 输入刀具半径补偿数据

步骤	软件界面	步骤说明
创建新刀具	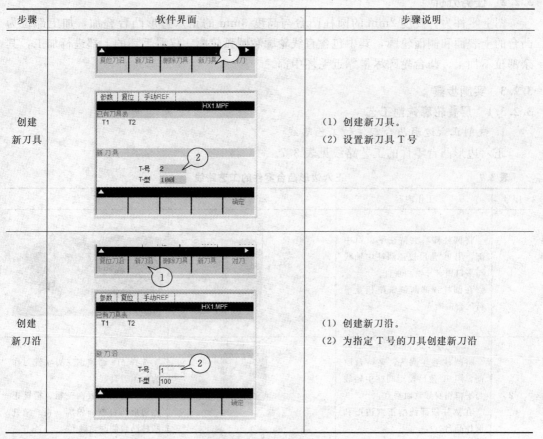	（1）创建新刀具。 （2）设置新刀具 T 号
创建新刀沿		（1）创建新刀沿。 （2）为指定 T 号的刀具创建新刀沿

3.2 层叠轮廓铣削

3.2.1 任务描述

加工图 3.16 所示为正六边形凸台，毛坯尺寸为 $\phi60 \times 30$mm，毛坯材料为 45 号钢。制定合理的加工工艺并完成零件的加工。

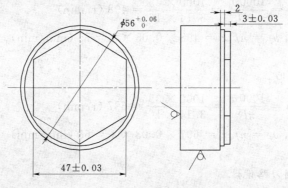

$\phi56^{+0.06}_{0}$

2

3 ± 0.03

47 ± 0.03

图 3.16 正六边形凸台

3.2.2　任务分析

图上零件为一高度 2mm 的圆柱凸台与高度 3mm 的正六边形凸台叠加，加工部位为凸台的上表面和侧面轮廓，其中包含直线轮廓和圆弧轮廓。仅对毛坯的上部进行加工，其余部位不加工，凸台轮廓尽量靠近毛坯中部。

3.2.3　实施步骤

3.2.3.1　层叠轮廓铣削工艺

1. 铣削正六边形凸台零件的工艺路线

正六边形凸台零件的工艺路线见表 3.7。

表 3.7　　　　　　　　　　　　　　正六边形凸台零件的工艺路线

序号	工作内容	示意图	备　注
1	将圆柱棒料夹持在平口钳中部，用 90°角尺校正圆柱中轴线与平口钳身导轨面垂直。 在圆柱顶部两侧铣削相互平行的台阶面		
2	将圆柱毛坯调头，夹持台阶面，用 90°角尺校正圆柱中轴线与平口钳身导轨面垂直。 在圆柱顶部铣削正六边形和圆柱凸台		选择 $\phi16$ 高速钢三刃立铣刀作为加工刀具。 粗、精铣上表面→粗、精铣正六边形凸台侧面轮廓→粗、精铣圆柱凸台侧面轮廓

2. 选择切削用量

本项目凸台高度 3mm，因此 $\phi16$ 立铣刀可以一次下刀至工件轮廓深度完成工件侧壁铣削。

参考项目 2 表 2.11～表 2.13 推荐值，$\phi16$ 高速钢三刃立铣刀铣削凸台零件。

粗铣时切削用量取：

$$v_c = 25\text{m/min}, n = \frac{1000v_c}{\pi D} = \frac{1000 \times 25}{3.14 \times 16} = 498 \ (\text{r/min})$$

$$f_z = 0.05\text{mm/z}, v_f = nf_zz = 498 \times 0.05 \times 3 = 75 \ (\text{mm/min})$$

$$a_p = 2 \sim 3\text{mm}$$

精铣时切削用量取：

$$v_c = 35\text{m/min}, n = \frac{1000v_c}{\pi D} = \frac{1000 \times 35}{3.14 \times 16} = 697 \ (\text{r/min})$$

$$f_z = 0.03\text{mm/z}, v_f = nf_zz = 697 \times 0.03 \times 3 = 63 \ (\text{mm/min})$$

$$a_p = 0.5\text{mm}$$

3. 层叠轮廓铣削刀路设计

层叠轮廓是指沿 Z 向串联分布的多个轮廓集合，就每个轮廓铣削而言，层叠轮廓铣削所用的刀具、刀路的设计以及切削用量的选择与单层轮廓基本相同，但从零件整体工艺看，轮廓间铣削的先后顺序将直接影响零件的加工效率甚至尺寸精度和表面质量。因此，如何安排层叠轮廓各轮廓铣削的先后顺序将十分关键。此外，如何快速清除残料也是铣削轮廓时必须考虑的问题。

（1）层叠轮廓铣削顺序。

1）先上后下的工艺方案。按照从上到下的加工顺序，依次对层叠轮廓进行铣削，如图 3.17 所示，首先铣削 3mm 高的正六边形凸台，然后铣削 2mm 高的圆柱凸台。

这种工艺方案的特点是：每层的铣削深度接近，粗铣轮廓时不需要刀刃很长的立铣刀，切削载荷均匀。但在铣最上层轮廓时，如果轮廓面积较小，则往往不能一次走刀就把零件的所有余量全部清除，必须安排残料清除的刀路。

2）先下后上的工艺方案。按照从下到上的加工顺序，依次对层叠轮廓进行铣削，如图 3.18 所示，首先铣削 5mm 高的圆柱凸台，然后铣削 3mm 高的正六边形凸台。

与先上后下方案比较，这种工艺方案具有残料清除少，切削效率高的优点。但铣削下层轮廓时的切削深度较大，需要长刃立铣刀。

图 3.17　先上后下　　　　　　　　　　　图 3.18　先下后上

本项目采用先上后下的工艺方案。

（2）残料的清除方法。当毛坯面积比零件轮廓面积大很多，铣刀完成零件轮廓切削后会留下残余材料，因此需要增加清除残料的刀路。

1）通过大直径刀具一次性清除残料。对于无内凹结构且四周余量分布较均匀的外形轮廓，可尽量选用大直径刀具在粗铣时一次性清除所有余量，如图 3.19（a）所示。

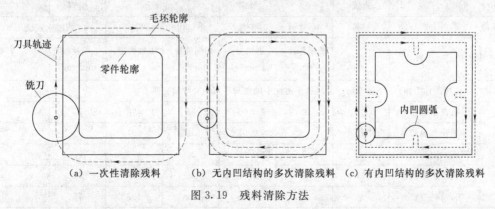

（a）一次性清除残料　　（b）无内凹结构的多次清除残料　（c）有内凹结构的多次清除残料

图 3.19　残料清除方法

2）通过增大刀具半径补偿值分多次清除残料。对于轮廓中无内凹结构的外形轮廓，可通过增大刀具半径补偿值的方式，分几次切削完成残料清除，如图 3.19 (b) 所示。

3) 对于轮廓中有内凹结构的外形轮廓，由于半径补偿值不能大于内凹圆弧半径，可以忽略内凹形状并用直线替代，然后增大刀具半径补偿值，分多次切削完成残料清除，如图 3.19 (c) 所示。

(3) 正六边形轮廓铣削刀路。如图 3.20 所示，将工件原点设置在正六边形上表面的中心位置，使用刀具半径左补偿进行轮廓轨迹编程。

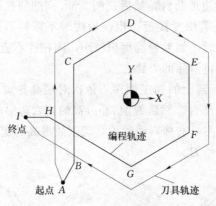

A：$X-28.5$，$Y-33.568$
B：$X-23.5$，$Y-25.568$
C：$X-23.5$，Y 13.568
D：X 0，Y 27.136
E：X 23.5，Y 13.568
F：X 23.5，$Y-13.568$
G：X 0，$Y-27.136$
H：$X-33.892$，$Y-7.568$
I：$X-43.892$，$Y-7.568$

图 3.20　正六边形铣削刀路

4. 编写工艺文件

综合上述各项分析结果，制订正六边形凸台零件数控加工刀具卡（表 3.8）和数控加工工序卡（表 3.9）。

表 3.8　　　　　　　　　数 控 加 工 刀 具 卡

零件	正六边形凸台		姓名		组别	
序号	刀具编号	刀具名称	刀具规格		刀具材质	备注
1	01	立铣刀	$\phi16$，3 齿		高速钢	

表 3.9　　　　　　　　　数 控 加 工 工 序 卡

单位		班级		姓名		组别		
零件	正六边形凸台	材料	45 号钢	夹具	平口钳	机床	数控立式铣床	
工步	工步内容	刀具号	铣削深度/mm	进给量/(mm/z)	切削速度/(m/min)	主轴转速/(r/min)	进给速度/(mm/min)	备注
装夹：夹持圆柱毛坯台阶面，用 90°角尺校正圆柱中轴线与平口钳身导轨面垂直								
1	粗铣上表面	01	2	0.05	25	498	75	
2	精铣上表面	01	0.5	0.03	35	697	63	
3	粗铣六边形凸台	01	3	0.05	25	498	75	
4	精铣六边形凸台	01	2	0.03	35	697	63	
5	粗铣圆柱凸台	01	2	0.05	25	498	75	
6	精铣圆柱凸台	01	2	0.03	35	697	63	

3.2.3.2　正六边形凸台铣削加工程序

1. 相关编程指令

（1）子程序调用。在编写加工程序时，有时会遇到一组程序段在一个程序中多次出现或在几个程序中都要使用到，为了简化编程，编程者可以将该组程序段抽出，按一定格式编写成子程序，并单独命名。子程序一般不可以作为独立的加工程序使用，只有通过调用子程序来执行子程序的功能，当执行完子程序后用返回指令回到上级程序，如图3.21所示，在主程序中调用子程序 L123，执行子程序内部程序段，遇到 RET 指令后返回主程序，继续执行后续的程序段。

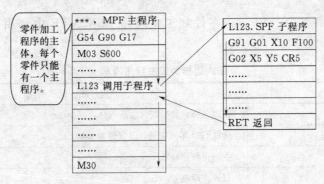

图 3.21　子程序调用

（2）西门子系统子程序功能。

1）主程序命名规则：开始的两个符号必须是字母，其后的符号可以是字母，数字或下划线，802C 系统最多为 8 个字符，主程序后缀名为"．MPF"。例：XQ1．MPF，XQ1＿2．MPF。

2）子程序命名规则：可以与主程序规则相同，也可以使用地址字"L"＋数字（最多7位），子程序后缀名为"．SPF"。例：ABC．SPF，L123．SPF。

注意：L 之后的每个零均有意义，不可省略，例：L128、L0128、L00128 是三个不同的子程序。在新建程序时"．SPF"要与子程序名一起输入。

3）子程序结束：在子程序中最后一个程序段用 RET 指令结束子程序，RET 要求占用一个独立的程序段。

4）子程序调用：可以直接用子程序名调用子程序，子程序调用要求占用一个独立的程序段。例如在图 3.20 中，用子程序名 L123 来调用子程序 L123．SPF。

如果要求多次连续地执行某一子程序，则在编程时必须在所调用子程序的程序名后地址 P 下写入调用次数，最大次数可以为 9999（P1…P9999）。

例：L785 P3　连续执行子程序 L785 三次。

5）子程序嵌套调用：子程序不仅可以从主程序中调用，也可以从其他子程序中调用，这个过程称为子程序的嵌套。802C 系统子程序的嵌套深度可以为 3 层（四级），如图3.22 所示。

2. 正六边形凸台加工程序

编写平面铣削子程序 PMX．SPF，编写正六边形轮廓铣削子程序 LKX．SPF，编写圆

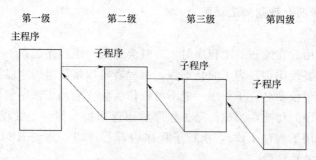

图 3.22　子程序嵌套调用

柱轮廓铣削子程序 YZX.SPF，在零件加工主程序 LBX.MPF 中调用上述子程序（表 3.10）。

表 3.10　　　　　　　　　正六边形加工主程序清单

程序代码	程序说明
LBX.MPF	程序名称，铣削正六边形凸台
G54 G90 G17	选择 G54 零点偏置，设置绝对坐标
M03 S498	主轴正转，498r/min
M08	打开冷却液
G00 Z50	快速定位到安全平面
X－40 Y30	定位到平面铣削起点上方
Z10	定位到进刀平面
G01 Z0.5 F75	定位到粗铣平面，进给速度 75mm/min
PMX	调用平面铣削子程序
G90 Z10	绝对坐标编程，返回进刀平面
G00 Z50 S697	快速返回安全平面，主轴 697r/min
X－40 Y30	定位到平面铣削起点上方
Z10	定位到进刀平面
G01 Z0 F63	定位到精铣平面，进给速度 63mm/min
PMX	调用平面铣削子程序
G90 Z10	绝对坐标编程，返回进刀平面
G00 Z50 S498	快速返回安全平面，主轴 498r/min
X－28.5 Y－33.568	定位到正六边形凸台铣削起点 A 上方
Z10	定位到进刀平面
G01 Z－3 F75	定位到六边形铣削深度，进给速度 75mm/min
T1D1	在 T1D1 刀具参数中，半径＝8.5mm
ZLBX	调用正六边形轮廓铣削子程序
X－28.5 Y－33.568 F63 S697	定位到铣削起点 A，主轴 697r/min，进给速度 63mm/min
T1D2	在 T1D2 刀具参数中，半径＝8mm

程序代码	程序说明
ZLBX	调用正六边形轮廓铣削子程序
Z10	返回进刀平面
G00 Z50 S498	快速返回安全平面，主轴 498r/min
X - 38 Y - 20	定位到圆柱轮廓铣削起点上方
Z10	定位到进刀平面
G01 Z - 5 F75	定位到圆柱铣削深度，进给速度 75mm/min
T1D1	在 T1D1 刀具参数中，半径 = 8.5mm
YZX	调用圆柱轮廓铣削子程序
X - 38 Y - 20 F63 S697	定位到圆柱轮廓铣削起点，主轴 697r/min，进给 63mm/min
T1D2	在 T1D2 刀具参数中，半径 = 8mm
YZX	调用圆柱轮廓铣削子程序
Z10	返回进刀平面
G00 Z50	快速返回安全平面
M30	程序结束

表 3.11   平面铣削子程序清单

PMX. SPF	平面铣削子程序
G91 G01 X80	增量坐标编程，X 轴正方向移动 80mm，铣平面
Y - 10	向 Y 轴负方向移动 10mm
X - 80	向 X 轴负方向移动 80mm
Y - 10	向 Y 轴负方向移动 10mm
X80	向 X 轴正方向移动 80mm
Y - 10	向 Y 轴负方向移动 10mm
X - 80	向 X 轴负方向移动 80mm
Y - 10	向 Y 轴负方向移动 10mm
X80	向 X 轴正方向移动 80mm
Y - 10	向 Y 轴负方向移动 10mm
X - 80	向 X 轴负方向移动 80mm
Y - 10	向 Y 轴负方向移动 10mm
X80	向 X 轴正方向移动 80mm
RET	返回主程序

表 3.12　　　　　　　　　　　　**正六边形轮廓铣削子程序清单**

ZLBX. SPF	正六边形轮廓铣削子程序
G41 G01 X - 23.5 Y - 25.568	建立刀具半径左补偿，运动到 B 点
Y13.568	运动到 C 点
X0 Y27.136	运动到 D 点
X23.5 Y13.568	运动到 E 点
Y - 13.568	运动到 F 点
X0 Y - 27.136	运动到 G 点
X - 33.892 Y - 7.568	运动到 H 点
G40 X - 43.892	结束刀具半径补偿，运动到 I 点
RET	返回主程序

表 3.13　　　　　　　　　　　　**圆柱轮廓铣削子程序清单**

YZX. SPF	圆柱轮廓铣削子程序
G41 G01 X - 28 Y - 10	建立刀具半径左补偿
Y0	切入
G02 X - 28 Y0 I28 J0	铣削整圆
G01 Y10	切出
G40 X - 38 Y20	结束刀具半径补偿
RET	返回主程序

3.3　综 合 训 练 项 目

（1）图 3.23 所示为六方体零件，材料为 45 号钢。编写加工工艺和程序，用仿真软件或数控铣床加工出合格的零件。

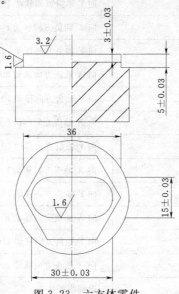

图 3.23　六方体零件

（2）图 3.24 所示为凸台零件，材料为铝合金。编写加工工艺和程序，用仿真软件或数控铣床加工出合格的零件。

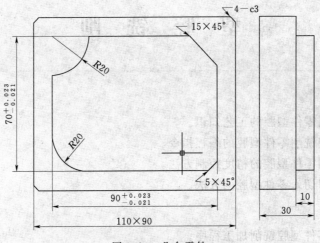

图 3.24 凸台零件

型 腔 铣 削

知识目标：

（1）掌握铣削零件型腔的工艺知识。

（2）掌握数控铣削零件型腔的编程指令。

（3）掌握铣削零件型腔的精度控制方法。

（4）掌握铣刀切入零件型腔的方法。

技能目标：

（1）能编写零件型腔铣削加工程序。

（2）能根据零件特征正确选择刀具及切削用量。

（3）能编写螺旋下刀和残料清除程序。

（4）能应用量具检测零件内轮廓精度。

4.1 单一型腔铣削

4.1.1 任务描述

加工图 4.1 所示方槽零件，毛坯尺寸为 50mm×50mm×20mm，毛坯材料为铝合金。制定合理的加工工艺并完成零件的加工。

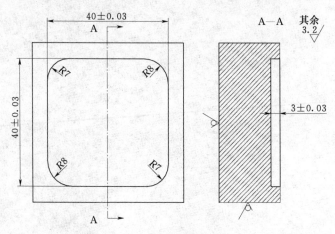

图 4.1 方槽零件

4.1.2 任务分析

图上零件的加工部位为毛坯上表面、方槽的底面和侧面轮廓，其中包含直线轮廓和圆弧轮廓，尺寸 40 ± 0.03、3 ± 0.03 是重点保证的尺寸，加工表面粗糙度均为 $Ra3.2$。仅对毛坯的上部进行加工，其余部位不加工，方槽轮廓尽量靠近毛坯中部。

4.1.3 实施步骤

4.1.3.1 型腔铣削工艺

1. 铣削方槽零件的工艺路线

平口钳装夹毛坯→粗、精铣上表面→粗、精铣方槽底面和侧面轮廓。

2. 方槽零件铣削刀具

立铣刀的圆柱表面和端面上都有切削刃，因此能用于型腔底面侧壁铣削。铣刀半径 R 应小于零件内凹轮廓面的最小曲率半径 $R_{\min}$，一般取 $R=(0.8\sim0.9)R_{\min}$。本项目选择 $\phi12$ 高速钢三刃立铣刀作为加工刀具。

3. 选择切削用量

方槽零件为封闭型腔结构，其轮廓线首尾相连，形成一个闭合的凹轮廓。与外轮廓铣削比，由于封闭型腔轮廓是闭合的，铣削时切屑难以排出，散热条件差。故要求刀具应有较好的红硬性能，机床应有良好的冷却系统，使用大流量冷却液或压缩空气及时将切屑冲出型腔。在保证良好的排屑和冷却的条件下，立铣刀进行型腔铣削的切削用量可以参考外轮廓铣削。

本项目方铝合金槽深度 3mm，因此 $\phi12$ 高速钢立铣刀可以一次下刀至工件轮廓深度完成工件侧壁铣削。

参考项目 2 表 2.11～表 2.13 推荐值，$\phi12$ 高速钢三刃立铣刀铣削铝合金零件。

粗铣时切削用量取：

$$v_c=120\text{m/min}, \quad n=\frac{1000v_c}{\pi D}=\frac{1000\times120}{3.14\times12}=3185\ (\text{r/min})$$

$$f_z=0.05\text{mm/z}, \quad v_f=nf_zz=3185\times0.05\times3=478\ (\text{mm/min})$$

$$a_p=2\sim3\text{mm}$$

精铣时切削用量取：

$$v_c=150\text{m/min}, \quad n=\frac{1000v_c}{\pi D}=\frac{1000\times150}{3.14\times12}=3981\ (\text{r/min})$$

$$f_z=0.03\text{mm/z}, \quad v_f=nf_zz=3981\times0.03\times3=358\ (\text{mm/min})$$

$$a_p=0.5\text{mm}$$

4. 型腔铣削刀路设计

使用立铣刀铣削封闭结构的型腔，铣刀首先应向下切入型腔一定深度，然后才向四周进给铣削型腔轮廓。切入型腔的进刀的方式一般有以下几种工艺方法。

(1) 经预钻孔下刀方式切入型腔。就是事先在下刀位置用钻头预钻一个孔，然后立铣刀从预钻孔处下刀，如图 4.2（a）所示。这种工艺方法使立铣刀在切入型腔过程中不承受切削力，但需要增加一个钻孔步骤。

(2) 沿铣刀轴向切入型腔。就是铣刀像钻头一样沿轴向垂直切入一定深度，然后使用周刃进行径向切削，如图 4.2（b）所示。执行这种铣削方式时应注意铣刀底刃的结构，立铣刀的底刃有两种结构：①底刃不过中心点，如图 4.3（a）所示，三刃立铣刀端面中

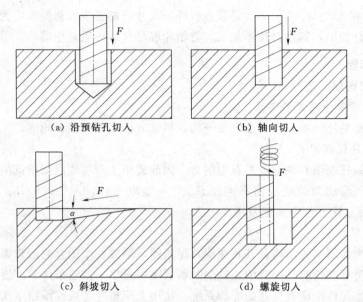

(a) 沿预钻孔切入　　　　　　(b) 轴向切入

(c) 斜坡切入　　　　　　　　(d) 螺旋切入

图 4.2　切入型腔进刀方式

心有一个凹坑，铣刀中心没有切削刃，因此每次下切深度不应超过刀具端面中心凹坑深度，否则会使铣刀折断；②底刃通过中心点，如图 4.3 （b）、（c）所示，键槽铣刀和四刃立铣刀的底刃相交于端面中心，在沿轴向切入型腔的过程中，由于刀具端面中心处切削速度很低，切削条件较差，因此需要降低进给速度。

(a) 底刃还通过中心　　(b) 底刃通过中心　　(c) 底刃通过中心

图 4.3　立铣刀底刃结构

（3）沿斜坡切入型腔。刀具以斜线方式切入型腔来达到 Z 向进刀的目的，也称斜线下刀方式，如图 4.2（c）所示。斜线下刀的最大优点在于它有效地避免了轴向下刀时刀具端面中心处切削速度过低的缺点，极大改善了刀具切削条件，提高了刀具使用寿命及切削效率，广泛应用于大尺寸的型腔开粗。执行斜线下刀时斜坡角度 α 必须根据刀具直径、刀片尺寸及背吃刀量的情况来确定，一般 $\alpha \approx 7° \sim 10°$。

（4）以螺旋下刀方式切入型腔。在主轴的轴向采用三轴联动螺旋圆弧插补开孔，如图 4.2 （d）所示。以螺旋下刀铣削型腔时，可使切削过程稳定，能有效避免轴向垂直受力所造成的振动，且下刀空间小，非常适合小功率机床和窄深型腔的加工。采用螺旋下刀方式的螺旋角通常控制在 $5° \sim 15°$，同时螺旋半径 R 值（指刀心轨迹）也需根据刀具结构及相关尺寸确定，对于底刃不过中心点的铣刀，常取 $R =$（刀具直径－底刃宽度）$/2$。

本项目方槽型腔粗铣刀路如图 4.4 （a）所示，铣刀首先定位到 a 点上方 3.5mm 位置，然后沿直径 8.5mm 的螺旋线逆时针运动到 a 点，从 a 点移动到 b 点后按逆时针方向做整圆运动，从 b 点移动到 c 点后按逆时针方向粗铣凹槽轮廓，留下 0.5mm 精加工余量。

图 4.4（b）为精铣刀路，以工件坐标原点为精铣刀路的起点和终点，使用半径左补偿进行轮廓轨迹编程。

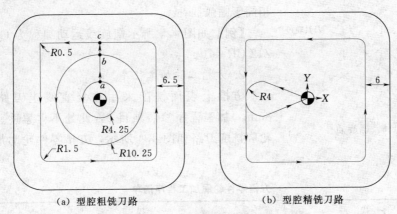

（a）型腔粗铣刀路　　　　　　　　（b）型腔精铣刀路

图 4.4　方槽零件铣削刀路

5. 编写工艺文件

综合上述各项分析结果，制订方槽零件数控加工刀具卡（表 4.1）和数控加工工序卡（表 4.2）。

表 4.1　　　　　　　　　　　数控加工刀具卡

零件	方槽零件		姓名		组别	
序号	刀具编号	刀具名称	刀具规格		刀具材质	备注
1	01	立铣刀	φ12，3 齿		高速钢	

表 4.2　　　　　　　　　　　数控加工工序卡

单位		班级		姓名			组别	
零件	方槽零件	材料	铝合金	夹具	平口钳	机床	数控立式铣床	
工步	工步内容	刀具号	铣削深度/mm	进给量/(mm/z)	切削速度/(m/min)	主轴转速/(r/min)	进给速度/(mm/min)	备注
装夹：用平口钳装夹毛坯								
1	粗铣上表面	01	2	0.05	120	3185	478	
2	精铣上表面	01	0.5	0.03	150	3981	358	
3	粗铣方槽轮廓	01	3	0.05	120	3185	478	
4	精铣方槽轮廓	01	3	0.03	150	3981	358	

4.1.3.2　方槽铣削加工程序

1. 相关编程指令

在加工封闭型腔时只有执行螺旋线插补指令才能实现螺旋线下刀。这里仅介绍在 XY 平面内作圆弧插补运动，在 Z 向作直线移动的螺旋插补指令。

指令格式：G17 G02/G03　X_ Y_ Z_I_ J_ 或（CR＝_）F_。

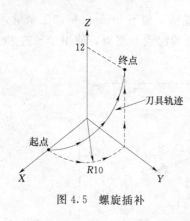

图 4.5　螺旋插补

螺旋线插补是在平面圆弧插补的基础上增加 Z 轴移动，因此除了给定 XY 平面内的终点位置，还需指定 Z 轴移动量（螺旋线的高度）。I/J/CR＝的具体含义和限制相同于圆弧插补。

【例】如图 4.5 所示螺旋线运动编程为 G03 X0 Y10 Z12 CR＝10。

2. 方槽零件加工程序

方槽上表面铣削采用往复直线走刀路径，行距 8mm，加工程序参照项目 2，此处不再累述。方槽零件轮廓铣削刀路如图 4.4 所示，方槽零件轮廓加工程序清单，见表 4.3。

表 4.3　　　　　　　　　　　　　　方槽零件轮廓加工程序清单

程　序　代　码	程　序　说　明
FCAO. MPF	程序名，铣削方槽零件
G54 G90 G17	初始化，绝对坐标编程，插补平面为 XY 平面
M03 S3185	主轴正转，3185r/min
M08	打开冷却泵
G00 Z50	快速定位到安全平面
X0 Y4.25	定位到轮廓铣削起点 a 的上方
Z10	定位到进刀平面
G01 Z0.5 F100	定位到螺旋线起点，进给速度 100mm/min
G03 X0 Y4.25 Z－3 I0 J－4.25	螺旋插补移动到 a 点
X0 Y4.25 I0 J－4.25 F478	铣平底面，进给速度 478mm/min
G01 Y10.25	移动到 b 点
G03 X0 Y10.25 I0 J－10.25	逆时针整圆移动
T1D1	在 T1D1 刀具参数中，半径＝6.5mm
G41 G01 Y20	建立刀具半径左补偿
X－13	粗铣方槽轮廓
G03 X－20 Y13 CR＝7	粗铣方槽轮廓
G01 Y－12	粗铣方槽轮廓
G03 X－12 Y－20 CR＝8	粗铣方槽轮廓
G01 X13	粗铣方槽轮廓
G03 X20 Y－13 CR＝7	粗铣方槽轮廓
G01 Y12	粗铣方槽轮廓
G03 X12 Y20 CR＝8	粗铣方槽轮廓
G01 X0	粗铣方槽轮廓
G40 Y0	取消半径补偿

程 序 代 码	程 序 说 明
T1D2	在 T1D2 刀具参数中，半径＝6mm
S3981	主轴转速 3981r/min
G41 X－10 Y10 F358	建立刀具半径左补偿，进给速度 358mm/min
G03 X－20 Y0 CR＝10	用 R10 圆弧路径切入方槽轮廓
G01 Y－12	精铣方槽轮廓
G03 X－12 Y－20 CR＝8	精铣方槽轮廓
G01 X13	精铣方槽轮廓
G03 X20 Y－13 CR＝7	精铣方槽轮廓
G01 Y12	精铣方槽轮廓
G03 X12 Y20 CR＝8	精铣方槽轮廓
G01 X－13	精铣方槽轮廓
G03 X－20 Y13 CR＝7	精铣方槽轮廓
G01 Y0	精铣方槽轮廓
G03 X－10 Y－10 CR＝10	用 R10 圆弧路径切出方槽轮廓
G40 G01 X0 Y0	取消半径补偿
Z10	返回进刀平面
G00 Z50	快速返回安全平面
M30	程序结束

4.2 带岛屿型腔铣削

4.2.1 任务描述

加工图 4.6 所示岛屿型腔零件，毛坯尺寸为 $\phi 60 \times 20$mm，毛坯材料为 45 号钢。制定合理的加工工艺并完成零件的加工。

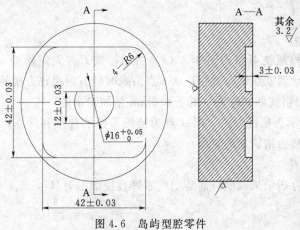

图 4.6 岛屿型腔零件

4.2.2　任务分析

图上零件为带岛屿的复合型腔，铣削时不仅要考虑型腔轮廓精度，还要兼顾岛屿轮廓精度。刀具直径确定要合理，以确保刀具在轮廓铣削时不与另一轮廓产生干涉，同时刀具刚性要足够。

4.2.3　实施步骤

4.2.3.1　铣削工艺

1. 铣削岛屿型腔零件的工艺路线

平口钳装夹毛坯→粗、精铣上表面→粗铣方槽和岛屿轮廓→精铣方槽和岛屿轮廓。

2. 铣削刀具

岛屿和型腔侧壁最小距离为 13mm，型腔圆角半径 6mm，选用 $\phi 12$ 高速钢三刃立铣刀作为粗加工刀具，为了提高表面质量，降低刀具磨损，选用 $\phi 10$ 整体硬质合金三刃立铣刀进行轮廓精加工。

3. 选择切削用量

本项目方型腔深度 3mm，因此 $\phi 12$ 立铣刀可以一次下刀至工件轮廓深度完成工件侧壁铣削。

参考项目 2 表 2.11～表 2.13 推荐值。

$\phi 12$ 高速钢三刃立铣刀粗铣时切削用量取：

$$v_c = 25 \text{m/min}, \ n = \frac{1000 v_c}{\pi D} = \frac{1000 \times 25}{3.14 \times 12} = 663 \ (\text{r/min})$$

$$f_z = 0.05 \text{mm/z}, \ v_f = n f_z z = 663 \times 0.05 \times 3 = 100 \ (\text{mm/min})$$

$$a_p = 2 \sim 3 \text{mm}$$

$\phi 10$ 整体硬质合金三刃立铣刀精铣时切削用量取：

$$v_c = 120 \text{m/min}, \ n = \frac{1000 v_c}{\pi D} = \frac{1000 \times 120}{3.14 \times 10} = 3822 \ (\text{r/min})$$

$$f_z = 0.03 \text{mm/z}, \ v_f = n f_z z = 3822 \times 0.03 \times 3 = 343 \ (\text{mm/min})$$

$$a_p = 0.5 \text{mm}$$

4. 铣削刀路设计

本项目岛屿型腔粗铣刀路如图 4.7（a）所示，铣刀首先定位到 a 点上方 3.5mm 位置，然后沿斜线运动到 b 点切入型腔，从 b 点沿顺时针方向粗铣方槽轮廓，从 b 点移动到 c 点后按顺时针方向粗铣岛屿轮廓，留下 0.5mm 精加工余量。

图 4.7（b）所示为精铣刀路，以 d 点为精铣刀路的起点和终点，使用半径左补偿首先精铣方槽轮廓，然后精铣岛屿轮廓。

5. 编写工艺文件

综合上述各项分析结果，制订岛屿型腔零件数控加工刀具卡（表 4.4）和数控加工工序卡（表 4.5）。

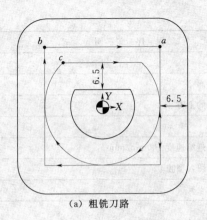

(a) 粗铣刀路

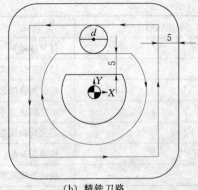

(b) 精铣刀路

图 4.7 岛屿型腔零件铣削刀路

表 4.4 数 控 加 工 刀 具 卡

零件	岛屿型腔零件		姓名			组别	
序号	刀具编号	刀具名称		刀具规格		刀具材质	备注
1	01	立铣刀		$\phi 12$，3齿		高速钢	
2	02	立铣刀		$\phi 10$，3齿		硬质合金	

表 4.5 数 控 加 工 工 序 卡

单位		班级		姓名		组别	
零件	岛屿型腔零件	材料	45号钢	夹具	平口钳	机床	数控立式铣床
工步	工步内容	刀具号	铣削深度/mm	进给量/(mm/z)	切削速度/(m/min)	主轴转速/(r/min)	进给速度/(mm/min)	备注
装夹：夹持圆柱毛坯台阶面，用90°角尺校正圆柱中轴线与平口钳身导轨面垂直								
1	粗铣上表面	01	2	0.05	25	663	100	
2	精铣上表面	01	0.5	0.03	35	929	84	
3	粗铣岛屿型腔轮廓	01	3	0.05	25	663	100	
4	精铣岛屿型腔轮廓	02	3	0.03	120	3822	343	

4.2.3.2 岛屿型腔铣削加工程序

岛屿型腔上表面铣削采用往复直线走刀路径，行距8mm，加工程序参照项目2，此处不再累述。岛屿型腔轮廓铣削刀路如图4.7所示，粗铣岛屿型腔程序清单，见表4.6；精铣岛屿型腔程序清单，见表4.7。

表 4.6 粗铣岛屿型腔程序清单

程序代码	程序说明
DAOC. MPF	程序名，粗铣岛屿型腔零件
G54 G90 G17	初始化，绝对坐标编程，插补平面为 XY 平面
M03 S663	主轴正转，663r/min

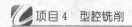

程序代码	程序说明
M08	打开冷却泵
G00 Z50	快速定位到安全平面
X14.5 Y14.5	定位到铣削起点 a 的上方
Z10	定位到进刀平面
G01 Z0.5 F100	定位到斜线起点，进给速度 100mm/min
X−14.5 Z−3	移动到 b 点，斜线切入型腔
X14.5	粗铣方槽轮廓
Y−14.5	粗铣方槽轮廓
X−14.5	粗铣方槽轮廓
Y14.5	粗铣方槽轮廓
X−10 Y10.5	移动到 c 点
X10	粗铣岛屿轮廓
G02 X−10 CR=−14.5	粗铣岛屿轮廓
G01 Z10	返回进刀平面
G00 Z50	返回安全平面
M30	程序结束

表 4.7　　　　　　　　　　　　精铣岛屿型腔程序清单

程序代码	程序说明
DAOJ. MPF	程序名，精铣岛屿型腔零件
G55 G90 G17	初始化，绝对坐标编程，插补平面为 XY 平面
M03 S3822	主轴正转，3822r/min
M08	打开冷却泵
G00 Z50	快速定位到安全平面
X0 Y12.5	移动到 d 点上方
Z10	定位到进刀平面
G01 Z−3 F100	移动到 d 点
T1D1	在 T1D1 刀具参数中，半径＝5mm
G41 X8.5 F343	建立刀具半径左补偿，进给速度 343mm/min
G03 X0 Y21 CR=8.5	用 $R8.5$ 圆弧路径切入方槽轮廓
G01 X−15	精铣方槽轮廓
G03 X−21 Y15 CR=6	精铣方槽轮廓
G01 Y−15	精铣方槽轮廓
G03 X−15 Y−21 CR=6	精铣方槽轮廓
G01 X15	精铣方槽轮廓

程序代码	程序说明
G03 X21 Y－15 CR＝6	精铣方槽轮廓
G01 Y15	精铣方槽轮廓
G03 X15 Y21 CR＝6	精铣方槽轮廓
G01 X0	精铣方槽轮廓
G03 X－8.5 Y12.5 CR＝8.5	用R8.5圆弧路径切出方槽轮廓
G40 G01 X0	取消半径补偿，返回d点
G41 X－8.5	建立刀具半径左补偿
G03 X0 Y4 CR＝8.5	用R8.5圆弧路径切入岛屿轮廓
G01 X6.95	精铣岛屿轮廓
G02 X－6.95 CR＝－8	精铣岛屿轮廓
G01 X0	精铣岛屿轮廓
G03 X8.5 Y12.5 CR＝8.5	用R8.5圆弧路径切出岛屿轮廓
G40 G01 X0	取消半径补偿，返回d点
Z10	返回进刀平面
G00 Z50	快速返回安全平面
M30	程序结束

4.2.3.3 更换刀具后的对刀操作

本项目在数控铣床上使用两把不同规格的铣刀分别进行零件粗铣和精铣，在使用第一把铣刀对刀并完成粗加工后，需要手动更换第二把铣刀来完成精加工。换刀后，第二把铣刀与第一把铣刀的轴线重合，但刀具长度发生了变化，因此只需要重新进行Z向对刀操作。

【例】$\phi12$铣刀对刀后将数据输入G54零点偏置数据表（X－400、Y－200、Z－140），更换$\phi10$铣刀后，利用Z向设定器再次进行Z向对刀操作，记录$\phi10$铣刀Z向零点偏置值，X向和Y向零点偏置值与$\phi12$铣刀一致。将$\phi10$铣刀对刀数据输入G55零点偏置数据表（X－400、Y－200、Z－150），如图4.8所示。

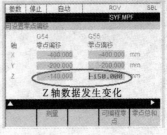

图4.8 Z向对刀

4.3 综合训练项目

(1) 图4.9所示为印章零件，材料为尼龙。编写加工工艺和程序，用仿真软件或数控铣床加工出合格的零件。

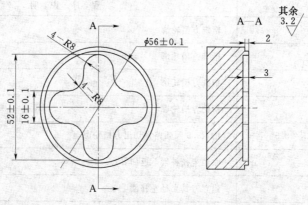

图 4.9　印章

（2）图 4.10 所示为封闭型腔零件，材料为 45 号钢。编写加工工艺和程序，用仿真软件或数控铣床加工出合格的零件。

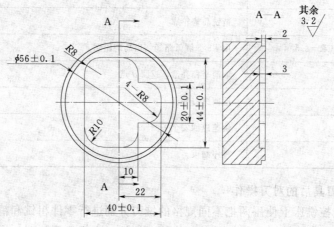

图 4.10　封闭型腔

孔 加 工

知识目标：

（1）掌握数控铣床进行钻、扩、铰、镗孔、攻丝的工艺知识。

（2）掌握数控铣床进行钻、扩、铰、镗孔、攻丝的编程指令。

（3）掌握孔加工的精度控制方法。

（4）掌握加工中心自动换刀方法。

技能目标：

（1）能编写零件孔加工程序。

（2）能根据孔的特征正确选择刀具及切削用量。

（3）能应用量具检测孔的精度。

5.1 钻孔 扩孔 铰孔

5.1.1 任务描述

应用数控铣床或加工中心完成如图 5.1 所示零件上孔的加工，零件材料为 45 号钢。制定合理的加工工艺并完成零件的加工。

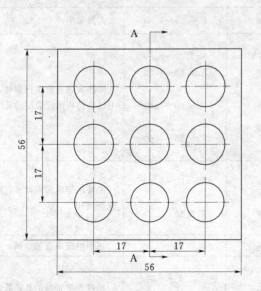
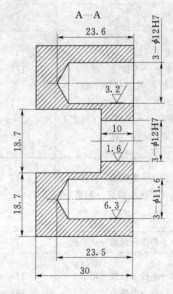

图 5.1 九孔零件

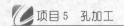

5.1.2 任务分析

图上零件需要加工 9 个孔，其中 3 个 ϕ11.6 孔为 H12、Ra12.5，3 个 ϕ12 孔为 H10、Ra6.3，3 个 ϕ12 孔为 H9、Ra3.2。本次任务只需要完成孔的加工，应根据孔的加工要求选择适当的加工方案，保证孔的径向尺寸精度和表面粗糙度。

5.1.3 实施步骤

5.1.3.1 孔加工工艺

1. 孔加工概述

孔是机械零件上常见的特征，在零件中起着不同的作用，有连接孔、定位孔、导向孔和装配孔等。按是否穿通零件可分为通孔、盲孔，按组合形式可分为单一孔及复杂孔（如沉头孔、埋头孔等），按几何形状可分为圆孔、锥孔、螺纹孔等。

根据被加工孔的结构、尺寸、生产批量、精度等级以及有无预制孔等技术要求，选择不同的加工方法。常用的孔加工方法主要有钻孔、扩孔、铰孔、镗孔、攻丝、铣孔等，见表 5.1 和表 5.2。

表 5.1　　　　　　　　　　　　　　常 用 的 孔 加 工 方 法

加工方案	经济精度公差等级	表面粗糙度/μm	适用范围
钻 钻→扩 钻→扩→铰 钻→扩→粗铰→精铰 钻→铰 钻→粗铰→精铰	IT11～IT13 IT10～IT11 IT8～IT9 IT7～IT8 IT8～IT9 IT7～IT8	Ra50 Ra25～50 Ra1.60～3.20 Ra0.80～1.60 Ra1.0～3.20 Ra0.80～1.60	加工未淬火钢及铸铁的实心毛坯，也可加工有色金属（所得表面粗糙度 Ra 值稍大）
钻→（扩）→拉	IT7～IT8	Ra0.80～1.60	大批量生产
粗镗（扩） 粗镗（扩）→半精镗（精扩） 粗镗（扩）→半精镗（精扩） →精镗（铰） 粗镗（扩）→半精镗（精扩） →精镗（铰）→浮动镗	IT11～IT13 IT8～IT9 IT7～IT8 IT6～IT7	Ra3.20～6.30 Ra1.60～3.20 Ra0.80～1.60 Ra0.20～0.40	除淬火钢外的各种钢材，毛坯上已有铸出的或锻出的孔
粗镗（扩）→半精镗→粗磨 粗镗（扩）→半精镗→粗磨→ 精磨	IT7～IT8 IT6～IT7	Ra0.20～0.80 Ra0.10～0.20	主要用于淬火钢，不宜用于有色金属
粗镗→半精镗→粗镗→金刚镗	IT6～IT7	Ra0.05～0.20	用于精度高有色金属
钻→扩→粗铰→精铰→珩磨 钻→扩→拉→珩磨 粗镗→半精镗→粗镗→珩磨	IT6～IT7 IT6～IT7 IT6～IT7	Ra0.05～0.20 Ra0.05～0.20 Ra0.05～0.20	精度要求很高的孔，若以研磨代替珩磨，精度可达 IT6 以上

表 5.2 孔 加 工 方 法

名称	工艺特点	使用刀具	示意图
钻孔	钻孔是指用钻头在实体材料上加工出孔的操作。孔的大小由钻头直径来保证，钻孔过程需要钻头旋转并沿轴向进给进行切削。钻孔过程中会有切屑缠绕钻头，使孔内壁受到挤压而变形，因此钻削加工仅用于孔的粗加工	麻花钻头、中心钻头	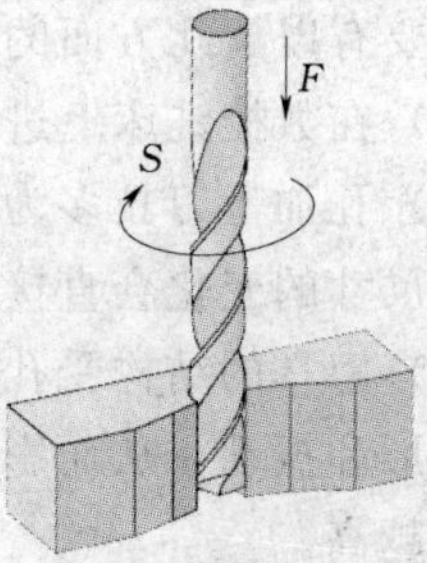
扩孔	扩孔是对已钻出、铸出、锻出和冲出的孔进行扩大的加工方法，用于修正孔的轴线，作为孔的半精加工方法	扩孔钻头	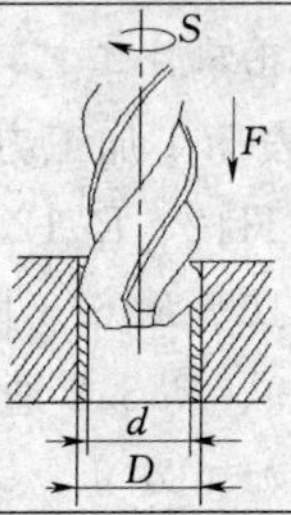
铰孔	铰孔是使用铰刀从已加工孔壁（钻孔、扩孔）上切除微量金属层，以提高其尺寸精度和孔表面质量的方法，属于孔的精加工工艺。被铰孔的尺寸和精度取决于铰刀的尺寸和精度，铰多大尺寸、几级精度的孔，就选择相同尺寸与精度等级的铰刀	铰刀	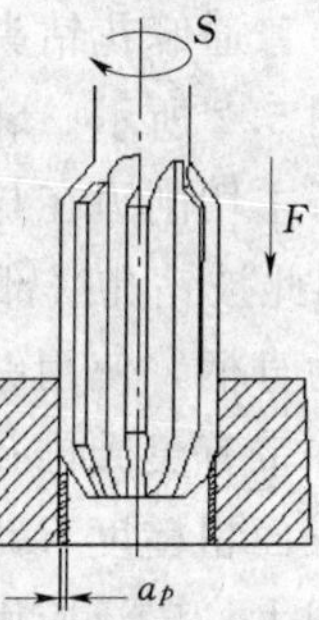
镗孔	镗孔是用镗刀对已钻出、铸出或锻出的孔做进一步的加工。镗孔可扩大孔径，提高精度，减小表面粗糙度，还可以较好地纠正原来孔轴线的偏斜	镗刀	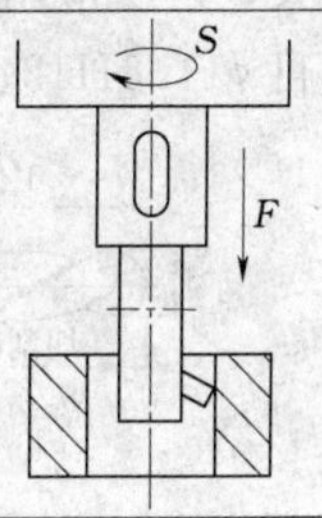
攻丝	用丝锥在工件孔中切削出内螺纹的加工方法称为攻丝。攻丝时，必须保持丝锥导程和主轴转速之间的同步关系，即主轴旋转一周，丝锥轴向移动一个导程	丝锥	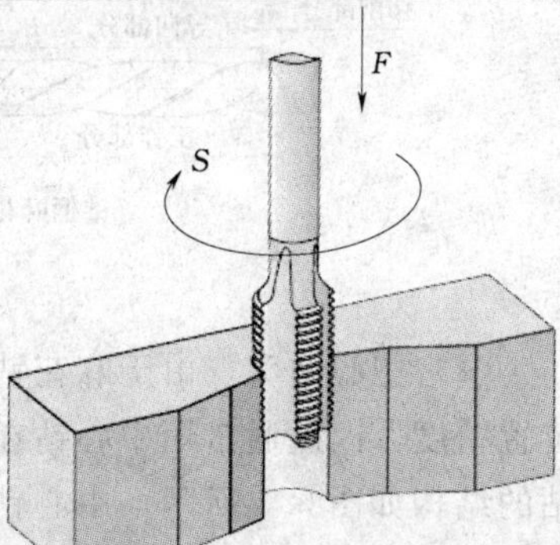

79

2. 孔的加工特点

由于孔加工是对零件内表面进行加工，加工过程不便观察、控制困难，概括起来，孔加工主要有以下几方面的特点。

（1）在数控铣床上进行孔加工只需要做 Z 轴的进给运动。

（2）孔加工刀具多为定尺寸刀具，如钻头、铰刀等，在加工过程中，刀具磨损造成的形状和尺寸的变化会直接影响被加工孔的精度。

（3）刀具的结构受孔直径和长度的限制，加工时，由于轴向力的影响，刀具容易产生弯曲变形和振动，从而影响孔的加工精度。孔的长径比（孔深度与直径之比）越大，其加工难度越高。

3. 九孔零件工艺路线

参考表5.1加工方案分析得知

ϕ11.6H12、Ra12.5盲孔加工方案为：单一钻孔。

ϕ12H10、Ra6.3盲孔加工方案为：钻→扩孔。

ϕ12H9、Ra3.2通孔加工方案为：钻→铰孔。

4. 孔加工刀具

（1）普通麻花钻头。普通麻花钻头是钻孔最常用的刀具，通常用高速钢制造，其外形结构如图5.2所示。麻花钻的端部为切削部分，有两条主切削刃、两条副切削刃和一条横刃。两条主切削刃在与其平行的平面内的投影之间的夹角为顶角，标准麻花钻的顶角为118°，因此被钻孔底部为圆锥形。普通麻花钻有直柄和锥柄之分，钻头直径在13mm以下的一般为直柄，使用钻夹头刀柄装夹；当钻头直径超过13mm时，则通常做成锥柄，可直接装在带有莫氏锥孔的刀柄内。普通麻花钻头的加工精度一般为IT11～IT13级，所加工孔的表面粗糙度 Ra 的范围为50～12.5，钻孔直径范围为0.1～100 mm。钻孔深度变化范围也很大，广泛应用于孔的粗加工，也可作为不重要孔的最终加工。

本项目 ϕ11.6H12、Ra12.5盲孔加工选用 ϕ11.6高速钢直柄麻花钻头。

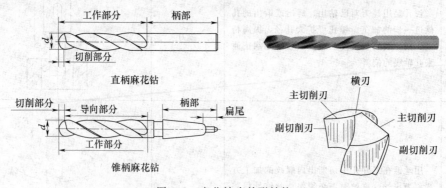

图5.2　麻花钻头外形结构

（2）中心钻头。由于麻花钻头的横刃具有一定的长度，钻孔时不易定心，会影响孔的位置精度，因此通常用中心钻在平面上先预钻一个定位凹坑，然后再用麻花钻钻孔。中心钻的结构如图5.3所示，中心钻有两种型式，不带护锥的中心钻（A型），带护锥的中心钻（B型），加工直径1～10mm的中心孔时，通常采用不带护锥的中心钻；工序较长、精度要求较高的工件,为了避免 60° 定心锥被损坏,一般采用带护锥的中心锥。由于中心钻的端部刃径 d 较小,加工时机床主轴转速不得低于 1000r/min。定位孔深度通常到达 60° 锥面中间位置。

本项目选用 $D=\phi6.3$,$d=\phi2.5$ 不带护锥的高速钢中心钻头预钻定位孔。

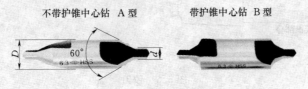

图 5.3 中心钻头结构

(3)扩孔钻头。与麻花钻头相比,扩孔钻有 3~4 个主切削刃,没有横刃,需要在有底孔的条件下进行加工,其结构如图 5.4 所示。扩孔钻的加工精度比麻花钻头要高一些,一般可达到 IT10~IT11 级,所加工孔的表面粗糙度 Ra 的范围为 25~6.3,而且其刚性及导向性也好于麻花钻头,因而常用于已铸出、锻出或钻出孔的扩大,可作为精度要求不高孔的最终加工或铰孔、磨孔前的预加工。扩孔钻的直径范围为 10~100mm,扩孔时的加工余量(直径)一般为 0.4~0.5mm。

本项目 $\phi12H10$、$Ra6.3$ 盲孔加工选用 $\phi12$ 高速钢直柄扩孔钻头。

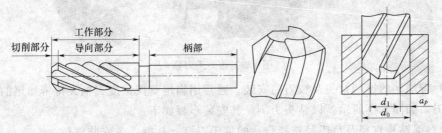

图 5.4 扩孔钻头结构

(4)铰刀。通用标准铰刀如图 5.5 所示,有直柄、锥柄两种。直柄铰刀的直径为 6~20mm,小孔直柄铰刀的直径为 1~6mm;锥柄铰刀直径为 10~32mm。铰刀加工精度一般可达到 IT7~IT9 级,所加工孔的表面粗糙度 Ra 的范围为 3.2~0.8。

铰刀工作部分包括切削部分与校准部分,切削部分为锥形,主要担负切削工作。校准部分的作用是校正孔径、修光孔壁和导向。校准部分包括圆柱部分和倒锥部分,圆柱部分保证铰刀直径和便于测量,倒锥部分可减少铰刀与孔壁的摩擦,减小孔径扩大量。

通用标准铰刀有 4~12 齿。铰刀齿数对加工表面粗糙度的影响并不大,但齿数过多,会使刀具在制造和重磨时都比较麻烦,而且会因齿间容屑槽空间小,造成切屑堵塞、划伤孔壁甚至铰刀折断;齿数过少,则铰削时的稳定性差,刀齿的切削负荷增大,且容易产生几何形状误差。因此,铰刀齿数的选择主要根据加工精度的要求选择,同时兼顾铰刀直径。

本项目 $\phi12H9$、$Ra3.2$ 通孔加工选用 $\phi12H9$ 高速钢直柄铰刀。

5. 钻头及铰刀的安装

(1)直柄钻头及铰刀的安装。通常用钻夹头刀柄来夹持直柄钻头及铰刀,如图 5.6 所

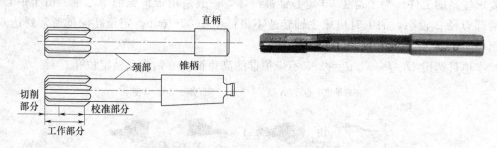

图 5.5 铰刀

示。以钻头为例，其安装步骤如下：

1）逆时针旋转螺母使三爪张开，将钻头柄部插入刀柄。

2）顺时针旋转螺母使三爪缩紧夹持钻头。

3）将刀柄放在锁刀座上，使锁刀座的键对准刀柄上的键槽，用专用扳手顺时针拧动刀柄螺母并夹紧钻头。

图 5.6 钻夹头刀柄

（2）带扁尾的锥柄钻头及铰刀的安装。通常用扁尾莫氏锥度刀柄夹持带扁尾的锥柄钻头及铰刀，如图 5.7 所示。以钻头为例，其安装步骤如下：

1）根据钻头直径及莫氏号选择合适的莫氏刀柄，并擦净各安装部位。

2）将钻头柄部插入刀柄莫氏锥孔中。

3）用刀柄顶部快速冲击垫木，靠惯性力将钻头紧固，最后将拉钉装入刀柄并拧紧。

4）拆卸钻头时，将一楔形块插入卸刀孔，用手锤敲击楔形块将钻头顶出刀柄。

图 5.7 莫氏锥度刀柄

6. 选择切削用量

（1）钻削用量选择。当确定钻孔刀具类型及直径后，钻孔刀具切削用量的选择要考虑工件材料的硬度、表面粗糙度、孔的大小及深度等因素。进给量越小，钻孔表面粗糙度越小，切削速度越高，钻头的耐用度越低。最好使用刀具厂商推荐的切削用量，这样才能在保证加工精度及刀具寿命的前提下，最大限度地发挥刀具潜能，提高生产效率。表 5.3 列出了高速钢钻头钻孔切削用量的推荐值；表 5.4 列出了高速钢钻头钻孔切削用量的推荐值。

表 5.3 　　　　　　　　　　　　　高速钢钻头钻孔切削用量的推荐值

工件材料	工件材料牌号或硬度	切削用量	钻头直径 d/mm 1~6	6~12	12~22	22~50
铸铁	160~200HBS	v_c/(m/min)	16~24			
		f/(mm/r)	0.07~0.12	0.12~0.2	0.2~0.4	0.4~0.8
	200~240HBS	v_c/(m/min)	10~18			
		f/(mm/r)	0.05~0.1	0.1~0.18	0.18~0.25	0.25~0.4
	300~400HBS	v_c/(m/min)	5~12			
		f/(mm/r)	0.03~0.08	0.08~0.15	0.15~0.2	0.2~0.3
钢	35、45钢	v_c/(m/min)	8~25			
		f/(mm/r)	0.05~0.1	0.1~0.2	0.2~0.3	0.3~0.45
	15Cr、20Cr	v_c/(m/min)	12~30			
		f/(mm/r)	0.05~0.1	0.1~0.2	0.2~0.3	0.3~0.45
	合金钢	v_c/(m/min)	8~15			
		f/(mm/r)	0.03~0.08	0.05~0.15	0.15~0.25	0.25~0.35
工件材料		钻头直径 d/mm	3~8	8~28	25~50	
铝	纯铝	v_c/(m/min)	20~50			
		f/(mm/r)		0.03~0.2	0.06~0.5	0.15~0.8
	铝合金（长切削）	v_c/(m/min)	20~50			
		f/(mm/r)		0.05~0.25	0.1~0.6	0.2~1.0
	铝合金（短切削）	v_c/(m/min)	20~50			
		f/(mm/r)		0.03~0.1	0.05~0.15	0.08~0.36
铜	黄铜、青铜	v_c/(m/min)	60~90			
		f/(mm/r)		0.06~0.15	0.15~0.3	0.3~0.75
	硬青铜	v_c/(m/min)	25~45			
		f/(mm/r)		0.05~0.15	0.12~0.25	0.25~0.5

表 5.4 　　　　　　　　　　　　　高速钢扩孔钻切削用量的推荐值

工件材料 钻头直径/mm	铸铁 扩通孔 v_c=10~18 m/min f/(mm/r)	锪沉孔 v_c=10~12 m/min	钢、铸钢 扩通孔 v_c=10~20 m/min f/(mm/r)	锪沉孔 v_c=8~14 m/min	铝、铜 扩通孔 v_c=30~40 m/min f/(mm/r)	锪沉孔 v_c=20~30 m/min
10~15	0.15~0.2	0.15~0.2	0.12~0.2	0.08~0.1	0.15~0.2	0.15~0.2
15~20	0.2~0.25	0.15~0.3	0.2~0.3	0.1~0.15	0.2~0.25	0.15~0.2
25~40	0.25~0.3	0.15~0.3	0.3~0.4	0.15~0.2	0.25~0.3	0.15~0.2
40~60	0.3~0.4	0.15~0.3	0.4~0.5	0.15~0.2	0.3~0.4	0.15~0.2
60~100	0.4~0.6	0.15~0.3	0.5~0.6	0.15~0.2	0.4~0.6	0.15~0.2

　　（2）铰削用量选择。铰削用量是指铰削余量、切削速度和进给量。在生产中，为了保证加工精度，铰孔时的铰削余量预留要适中，通常要进行铰孔余量比扩孔或镗孔的余量要小，铰削余量太大会增大切削压力而损坏铰刀，导致加工表面粗糙度很差，余量过大时可采取粗铰和精铰分开，以保证技术要求。如果余量太小则难以纠正上道工序残留的变形和刀痕，也会使铰刀过早磨损，表面粗糙度差。表 5.5 列出了铰孔加工余量推荐值。

　　切削速度太大会加快铰刀磨损，还会引起振动，不易铰光；切削速度太小影响效率。进给量过小则切削厚度过薄，铰刀的挤压作用会明显加大，加速铰刀后刀面磨损。表 5.6 为高速钢铰刀切削速度和进给量推荐表。

表 5.5　　　　　　　　　　　　　铰削余量推荐表（直径量）

铰孔直径	$<\phi8$	$\phi8\sim20$	$\phi21\sim32$	$\phi33\sim50$	$\phi51\sim70$
铰孔余量	0.1～0.2	0.15～0.25	0.2～0.3	0.25～0.35	0.25～0.35

表 5.6　　　　　　　　　　高速钢铰刀切削速度和进给量推荐值

工件材料	铸铁		钢及合金钢		铝、铜及其合金	
钻头直径/mm　切削用量	v_c/(m/min)	f/(mm/r)	v_c/(m/min)	f/(mm/r)	v_c/(m/min)	f/(mm/r)
6～10		0.35～0.5		0.3～0.4		0.3～0.5
10～15		0.5～1		0.4～0.5		0.5～1
15～25	2～6	0.8～1.5	1.2～5	0.4～0.6	8～12	0.8～1.5
25～40		0.8～1.5		0.4～0.6		0.8～1.5
40～60		1.2～1.8		0.5～0.6		1.5～2

　　一般来说，对于 IT8 级精度的孔，只要铰削一次就能达到要求；IT7 级精度的孔应铰两次，先用小于孔径 0.05～0.2mm 的铰刀粗铰一次，再用符合孔径公差的铰刀精铰一次。铰孔操作需要使用冷却液，以得到较好的表面质量并在加工中帮助排屑。

　　（3）九孔零件切削用量。参考上述个表的切削用量推荐值，计算本项目零件钻、扩、铰孔的切削用量。

　　1）钻定位孔：$v_c=10\text{m/min}$，$n=\dfrac{1000v_c}{\pi D}=\dfrac{1000\times10}{3.14\times2.5}=1273$（r/min）

$f=0.05\text{mm/r}$，$v_f=nf=1273\times0.05=63$（mm/min）

　　2）钻孔：$v_c=20\text{m/min}$，$n=\dfrac{1000v_c}{\pi D}=\dfrac{1000\times20}{3.14\times11.6}=550$（r/min）

$f=0.1\text{mm/r}$，$v_f=nf=550\times0.1=55$（mm/min）

　　3）扩孔：$v_c=12\text{m/min}$，$n=\dfrac{1000v_c}{\pi D}=\dfrac{1000\times12}{3.14\times12}=318$（r/min）

$f=0.09\text{mm/r}$，$v_f=nf=318\times0.09=28$（mm/min）

　　4）铰孔：$v_c=5\text{m/min}$，$n=\dfrac{1000v_c}{\pi D}=\dfrac{1000\times5}{3.14\times12}=132$（r/min）

$f=0.5\text{mm/r}$，$v_f=nf=132\times0.5=66$（mm/min）

7. 钻、扩、铰孔刀路设计

孔加工刀路应能保证孔的位置精度要求，尽量缩短加工路线，减少刀具空程移动时间。对于位置精度要求较高的孔系加工，特别要注意孔的加工顺序安排，安排不当时，就有可能将坐标轴的反向间隙带入，直接影响位置精度。

如图 5.8（a）所示，以 a 点为起点钻六个相同尺寸的孔，加工路线为 $a\to1\to2\to3\to4\to5\to6$，由于 5、6 孔与 1、2、3、4 孔定位方向相反，Y 轴反向间隙会使定位误差增加，影响 5、6 孔与其他孔的位置精度。图 5.8（b）的加工路线为 $a\to1\to2\to3\to b\to6\to5\to4$，此时所有孔的定位方向相同，可以避免反向间隙的引入，提高孔的位置精度。

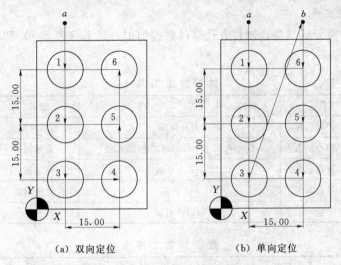

（a）双向定位　　　　　　　（b）单向定位

图 5.8　孔加工刀路示意

图 5.9 所示为九孔零件钻孔刀路，钻头首先定位到 a 点，然后沿 Y 轴负向定位到 b 点，再沿 X 轴正向定位依次加工 3 个 $\phi12\text{H}10$ 孔。从 c 点开始沿 X 轴正向依次加工 3 个 $\phi12\text{H}9$ 孔。从 d 点开始沿 X 轴正向依次加工 3 个 $\phi11.6\text{H}12$ 孔。可以看出，九个孔的定位方向相同。

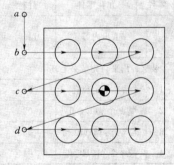

图 5.9　九孔零件钻孔刀路

孔加工刀路的选择与孔的深度也有直接关系，当孔的深度不大时（深径比 $L/D\le3$），可采用连续钻削完成孔的加工，如图 5.10（a）所示，钻头从进刀平面连续进给到钻孔深度。当孔的深度较大时（深径比 $L/D>3$），为了改善散热及排屑状况，可采用间歇钻削方式完成孔的加工。如图 5.10（b）所示，钻头从进刀平面开始向下进给一定深度后，钻头上抬一定距离，然后再次向下进给一定深度，再上抬一定距离，经过若干次的进给与上抬最终到达钻孔深度。

本项目 $\phi12\text{H}9$ 通孔深度 10mm，因此 Z 向刀路采用一次连续钻削至钻穿零件的方式钻孔。$\phi11.6\text{H}12$ 和 $\phi12\text{H}10$ 盲孔深度较大，因此 Z 向刀路采用间歇方式钻削。

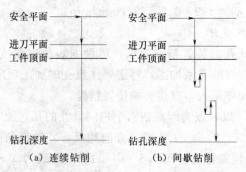

图 5.10 孔加工刀路示意

8. 编写工艺文件

综合上述各项分析结果，制订九孔零件数控加工刀具卡（表 5.7）和数控加工工序卡（表 5.8）。

表 5.7   **数控加工刀具卡**

零件	九孔零件		姓名			组别	
序号	刀具编号	刀具名称	刀具规格			刀具材质	备注
1	01	中心钻头	$D=\phi6.3$，$d=\phi2.5$ 不带护锥 A 型			高速钢	
2	02	麻花钻头	$\phi11.6$ 直柄			高速钢	
3	03	扩孔钻头	$\phi12$ 直柄			高速钢	
4	04	铰刀	$\phi12H9$ 直柄			高速钢	

表 5.8   **数控加工工序卡**

单位		班级		姓名			组别	
零件	九孔零件	材料	45 号钢	夹具	平口钳	机床	数控立式铣床	
工步	工步内容	刀具号	铣削深度/ mm	进给量/ (mm/z)	切削速度/ (m/min)	主轴转速/ (r/min)	进给速度/ (mm/min)	备注
装夹：用平口钳装夹毛坯								
1	钻 9 个定位孔	01	5	0.05	10	1273	63	
2	钻 9 个 $\phi11.6$ 孔	02	12	0.1	20	550	55	
3	扩 3 个 $\phi12H10$ 孔	03	20	0.09	12	318	28	
4	铰 3 个 $\phi12H9$ 孔	04	10	0.5	5	132	66	

5.1.3.2 孔加工程序

1. 相关编程指令

为了简化孔加工程序，数控系统自带了相应的孔加工固定循环指令，编程者只需要给定若干加工参数，循环指令能自动完成快速下刀、切削进给、暂停和返回安全平面等一系列孔加工动作。

（1）LCYC82——钻孔循环指令。刀具从起点沿 Z 轴快速定位到进刀平面，然后以切削进给速度移动至孔底平面，停留一段时间后快速移动至返回平面，整个循环过程只进行

Z 轴移动，如图 5.11 所示。

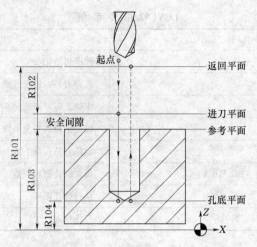

图 5.11 LCYC82 指令刀路示意

指令格式：R101＝_ R102＝_ R103＝_ R104＝_ R105＝_
LCYC82

表 5.9   **LCYC82 参 数 含 义**

参数	含 义
R101	设置返回平面位置（Z 轴绝对坐标值），可以将安全平面作为返回平面
R102	设置安全间隙（不带正负号），R103＋R102 为进刀平面的 Z 轴绝对坐标值
R103	设置参考平面位置（Z 轴绝对坐标值），通常取工件的上表面作为参考平面
R104	设置孔底平面位置（Z 轴绝对坐标值）
R105	设置刀具在孔底暂停（断屑）的时间，单位为 s

LCYC82 钻孔循环指令使用注意事项：

1）在调用循环指令前必须指定主轴旋转方向和转速以及钻削进给速度。

2）在调用循环指令前必须使刀具沿 XY 轴移动到钻孔位置的正上方。

3）在调用循环指令前 R101～R105 参数必须已经赋值，循环结束后参数值保持不变（表 5.9）。

4）循环结束后 G00、G90 会保持有效。

【例】如图 5.12 所示，在 X24/Y15 的位置钻深度 27mm 的孔，安全平面在工件表面以上 50mm，进刀平面在工件表面以上 10mm，钻孔转速 600r/min，进给速度 60mm/min，钻至孔底停留 2s。表 5.10 列出

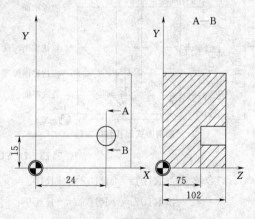

图 5.12 LCYC82 指令举例

了 LCYC82 指令示例。

表 5. 10　　　　　　　　　　　　　　LCYC82 指 令 示 例

程序代码	程序说明
G54 G90 G17	程序初始化
T1D1 F60	选择刀具，设定进给速度 60mm/min
M03 S600	主轴正转，转速 600r/min
G00 Z152	快速定位到安全平面
X24 Y15	定位到钻孔点上方
R101＝152 R102＝10 R103＝102 R104＝75 R105＝2	设置钻孔循环参数
LCYC82	执行钻孔循环
M30	程序结束

（2）LCYC83——深孔钻削循环指令。刀具以间歇进给方式钻削工件。图 5.13（a）
为断屑方式深孔钻削刀路，刀具从起点沿 Z 轴快速定位到进刀平面，然后以切削进给速
度移动至首次钻削深度，停留一段时间后以切削进给速度上提 1mm 进行断屑，接着切削
移动至二次钻削深度，再次停留一段时间后以切削进给速度上提 1mm 进行断屑，接着切
削移动至下一钻削深度，该过程一直进行下去，直至到达孔底平面，最后快速回到返回平
面。整个循环过程只进行 Z 轴移动。

图 5.13（b）为排屑方式深孔钻削刀路，刀具从起点沿 Z 轴快速定位到进刀平面，然
后以切削进给速度移动至首次钻削深度，停留一段时间后快速返回进刀平面，暂停一段时
间进行排屑，接着快速回到上次钻削深度，但留出一个前置量 q（由循环指令自动计算），
然后切削移动至下一钻削深度，该过程一直进行下去，直至到达孔底平面，最后快速回到
返回平面。整个循环过程只进行 Z 轴移动。

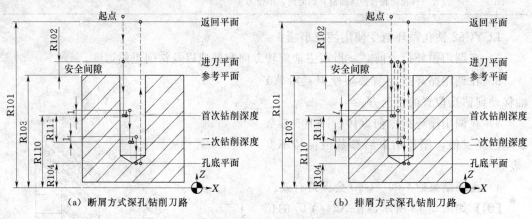

图 5.13　LCYC83 指令刀路示意

指令格式：R101＝_ R102＝_ R103＝_ R104＝_ R105＝_
　　　　　R107＝_ R108＝_ R109＝_ R110＝_ R111＝_ R127＝_
　　　　　LCYC83

表 5.11	LCYC83 参 数 含 义
参数	含 义
R101	设置返回平面位置（Z轴绝对坐标值），可以将安全平面作为返回平面
R102	设置安全间隙（不带正负号），R103＋R102 为进刀平面的 Z 轴绝对坐标值
R103	设置参考平面位置（Z轴绝对坐标值），通常取工件的上表面作为参考平面
R104	设置孔底平面位置（Z轴绝对坐标值）
R105	设置刀具在钻削深度暂停（断屑）的时间，单位为 s
R107	钻削进给速度
R108	首次钻削进给速度
R109	设置刀具在进刀平面暂停（排屑）的时间，单位为 s
R110	设置首次钻削深度位置（Z轴绝对坐标值）
R111	递减量（不带正负号），用于计算下一次钻削深度位置
R127	设置加工方式，断屑＝0，排屑＝1

LCYC83 钻孔循环指令使用注意事项：

1）在调用循环指令前必须指定主轴旋转方向和转速。

2）在调用循环指令前必须使刀具沿 XY 轴移动到钻孔位置的正上方。

3）在调用循环指令前 R101～R127 参数必须已经赋值，循环结束后参数值保持不变（表 5.11）。

4）循环结束后 G00、G90 会保持有效。

5）递减量的作用是计算下一次钻削深度位置，保证下一次钻削量小于当前钻削量。计算方法如下：如果当前钻削量与递减量的差值大于递减量，则下一次钻削量等于该差值，否则下一次钻削量等于递减量。当最后剩余的钻削量小于等于两倍递减量时，则将剩余的钻削量平分为最终两次钻削行程。如图 5.14 所示，孔总的钻削量为 145mm，设置第一次钻削量 50mm，递减量 20mm，则第二次钻削量为 30mm（50－20＞20），第三次钻削量为 20mm（30－20＜20），第四次钻削量为 20mm（20－20＜20），最后两次钻削量为 12.5mm（145－50－30－20－20＝25）。

【例】如图 5.15 所示，在 XY 平面中的位置 X80 Y120 和 X80 Y60 上钻深度 145mm 的孔，使用排屑加工方式。安全平面在工件表面以上 50mm，进刀平面在工件表面以上 10mm，钻孔转速 600r/min，进给速度 60mm/min，孔内断屑停留 1s，孔外排屑停留 2s。首次钻削量 50mm，首次钻孔进给速度 50mm/min，递减量 20mm。表 5.12 列出了 LCYC83 指令示例。

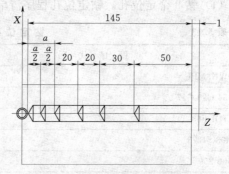

图 5.14 深孔钻削量的计算

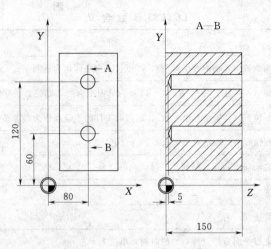

图 5.15　LCYC83 指令举例

表 5.12　LCYC83 指令示例

程 序 代 码	程 序 说 明
G54 G90 G17	程序初始化
T1D1	选择刀具，设定进给速度 60mm/min
M03 S600	主轴正转，转速 600r/min
G00 Z200	快速定位到安全平面
X80 Y60	定位到钻孔点上方
R101＝200 R102＝10 R103＝150 R104＝5 R105＝1	设置钻孔循环参数
R107＝60 R108＝50 R109＝2 R110＝100 R111＝20 R127＝1	设置钻孔循环参数
LCYC83	执行钻孔循环
X80 Y120	定位到钻孔点上方
LCYC83	执行钻孔循环
M30	程序结束

2. 九孔零件加工程序

依据零件加工工艺，编写以下加工程序。

（1）钻 9 个定位孔。钻定位孔程序清单见表 5.13。

表 5.13　钻 定 位 孔 程 序 清 单

程 序 代 码	程 序 说 明
DWK. MPF	钻定位孔程序
G54 G90 G17	程序初始化
T1D1 F63	选择刀具，进给速度 63mm/min
M03 S1273	主轴正转，转速 1273r/min
G00 Z50	快速定位到安全平面
X－40 Y40	定位到 a 点

程 序 代 码	程序说明
Y17	定位到 b 点
X－17	定位到 1 孔
R101＝50 R102＝10 R103＝0 R104＝－5 R105＝1	设置钻孔循环参数
LCYC82	钻定位孔
X0	定位到 2 孔
LCYC82	钻定位孔
X17	定位到 3 孔
LCYC82	钻定位孔
X－40 Y0	定位到 c 点
X－17	定位到 4 孔
LCYC82	钻定位孔
X0	定位到 5 孔
LCYC82	钻定位孔
X17	定位到 6 孔
LCYC82	钻定位孔
X－40 Y－17	定位到 d 点
X－17	定位到 7 孔
LCYC82	钻定位孔
X0	定位到 8 孔
LCYC82	钻定位孔
X17	定位到 9 孔
LCYC82	钻定位孔
M30	程序结束

（2）钻 9 个 ϕ11.6 孔。钻孔程序清单见表 5.14。

表 5.14   **钻 孔 程 序 清 单**

程 序 代 码	程序说明
ZK. MPF	钻孔程序
G54 G90 G17	程序初始化
T2D1 F55	选择刀具，进给速度 55mm/min
M03 S550	主轴正转，转速 550r/min
G00 Z50	快速定位到安全平面
X－40 Y40	定位到 a 点
Y17	定位到 b 点
X－17	定位到 1 孔

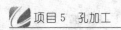

续表

程 序 代 码	程序说明
R101=50 R102=10 R103=0 R104=−23.6 R105=1	设置钻孔循环参数
R107=55 R108=55 R109=2 R110=−10 R111=8 R127=1	设置钻孔循环参数
LCYC83	钻孔
X0	定位到 2 孔
LCYC83	钻孔
X17	定位到 3 孔
LCYC83	钻孔
X−40 Y0	定位到 c 点
X−17	定位到 4 孔
R104=−15	设置钻孔循环参数
LCYC82	钻孔
X0	定位到 5 孔
LCYC82	钻孔
X17	定位到 6 孔
LCYC82	钻孔
X−40 Y−17	定位到 d 点
X−17	定位到 7 孔
R104=−23.5	设置钻孔循环参数
LCYC83	钻孔
X0	定位到 8 孔
LCYC83	钻孔
X17	定位到 9 孔
LCYC83	钻孔
M30	程序结束

（3）扩 3 个 φ12H10 孔。扩孔程序清单见表 5.15。

表 5.15　　　　　　　　　　　扩 孔 程 序 清 单

程 序 代 码	程序说明
KK. MPF	扩孔程序
G54 G90 G17	程序初始化
T3D1 F28	选择刀具，进给速度 28mm/min
M03 S318	主轴正转，转速 318r/min
G00 Z50	快速定位到安全平面
X−40 Y40	定位到 a 点
Y17	定位到 b 点

程 序 代 码	程 序 说 明
X－17	定位到 1 孔
R101＝50 R102＝10 R103＝0 R104＝－18 R105＝2	设置钻孔循环参数
LCYC82	扩孔
X0	定位到 2 孔
LCYC82	扩孔
X17	定位到 3 孔
LCYC82	扩孔
M30	程序结束

（4）铰 3 个 ϕ12H9 孔。铰孔程序清单见表 5.16。

表 5.16 铰 孔 程 序 清 单

程 序 代 码	程 序 说 明
JK. MPF	铰孔程序
G54 G90 G17	程序初始化
T4D1 F66	选择刀具，进给速度 66mm/min
M03 S132	主轴正转，转速 132r/min
G00 Z50	快速定位到安全平面
X－40 Y40	定位到 a 点
Y0	定位到 c 点
X－17	定位到 4 孔
R101＝50 R102＝10 R103＝0 R104＝－15 R105＝2	设置铰孔循环参数
LCYC82	铰孔
X0	定位到 5 孔
LCYC82	铰孔
X17	定位到 6 孔
LCYC82	铰孔
M30	程序结束

5.2 镗孔与攻丝

5.2.1 任务描述

应用数控铣床或加工中心完成如图 5.16 所示模板零件上孔的加工，零件材料为 45 号钢。制定合理的加工工艺并完成零件的加工。

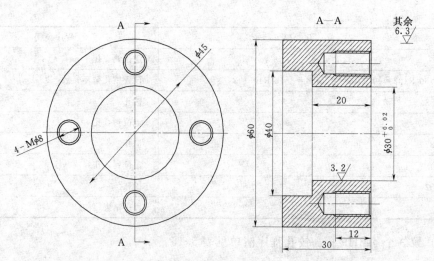

图 5.16　模板零件

5.2.2　任务分析

图中孔 $\phi 30^{+0.02}_{0}$ 为 IT7 级精度，粗糙度 $Ra3.2$，是本任务的加工重点，此外还要加工 4 个 Mϕ8 螺纹盲孔。本次任务只需要完成孔的加工，应根据孔的加工要求选择适当的加工方案，保证孔的径向尺寸精度和表面粗糙度。

5.2.3　实施步骤

5.2.3.1　孔加工工艺

1. 模板零件加工工艺路线

参考表 5.1 加工方法分析得知：由于 $\phi 30^{+0.02}_{0}$ 孔较大，加工方案为：钻 → 扩 → 镗。首先用 ϕ16 麻花钻预钻底孔，再用 ϕ16 立铣刀扩铣孔，最后用镗刀镗孔。

4 - Mϕ8 螺纹孔加工方案为：钻孔 → 攻丝。

2. 加工刀具

（1）镗刀。镗孔是利用镗刀对工件上已有的孔进行扩大加工，其所用刀具为镗刀。镗刀的种类很多，按切削刃数量可分为单刃镗刀、双刃镗刀等。

1）单刃镗刀。单刃镗刀刀头结构类似于车刀，如图 5.17 所示。单刃镗刀用螺钉装夹在镗杆上，螺钉 1 起锁紧作用，螺钉 2 用于调整尺寸。单刃镗刀刚度差，切削时容易引起振动，因此镗刀的主偏角选得较大，以减小径向力。在镗铸铁孔或精镗时，一般取 $k_r =$ 90°；粗镗钢件孔时，取 $k_r = 60° \sim 75°$，以提高刀具寿命。

单刃镗刀可以应用镗削通孔、盲孔和阶梯孔，所镗孔径的大小要靠调整刀具的悬伸长度来保证，在机床外用对刀仪预调，调整较为麻烦，生产效率低，但结构简单，广泛用于单件、小批量零件生产。

微调镗刀如图 5.17（d）所示，其径向尺寸可以通过带刻度盘的调整螺母，在一定范围内进行微调，因而加工精度高，广泛应用于孔的精镗。

2）双刃镗刀。双刃镗刀有两个分布在中心两侧同时切削的刀齿，如图 5.18 所示，由于切削时产生的径向力互相平衡，可消除切削力引起的镗杆振动。与单刃镗

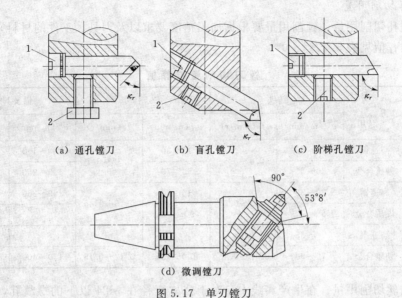

(a) 通孔镗刀　　　　(b) 盲孔镗刀　　　　(c) 阶梯孔镗刀

(d) 微调镗刀

图 5.17　单刃镗刀

刀相比，双刃镗刀每转进给量可提高一倍左右，生产效率高，广泛应用于大批零件的生产。双刃镗刀按刀片在镗杆上浮动与否分为浮动镗刀和定装镗刀。浮动镗刀适用于孔的精加工，它实际上相当于铰刀，能镗削出尺寸精度高和表面光洁的孔，但不能修正孔的直线性偏差。

图 5.18　双刃镗刀

本项目选择刀杆为 $\phi26$ 的 YT15 硬质合金镗铣刀。

（2）丝锥。丝锥是一种加工内螺纹的刀具，丝锥切削刃的基本结构是轴向开槽的外螺纹。加工中常用的丝锥有直槽和螺旋槽两大类，如图 5.19 所示。直槽丝锥加工容易、精度略低、产量较大，一般用于普通钻床及攻丝机的螺纹加工，切削速度较慢。螺旋槽丝锥多用于数控加工中心盲孔攻丝用，加工速度较快、精度高、排屑较好、对中性好。常用的丝锥材料有高速钢和硬质合金，现在的工具厂提供的丝锥大都是涂层丝锥，较未涂层丝锥的使用寿命和切削性能都有很大的提高。

直槽丝锥　　　　　　　　螺旋槽丝锥

图 5.19　丝锥

本项目选择 M8×1.25 高速钢螺旋槽机用丝锥。

3. 选择切削用量

（1）镗孔切削用量。镗削用量要根据加工精度要求以及刀具、工件的材料来确定。镗刀切削量推荐值见表 5.17。

表 5.17　　　　　　　　　　　　　　**镗刀切削量推荐值**

工序	刀具材料 切削用量 工件材料	铸铁		钢		铝及其合金	
		v_c/(m/min)	f/(mm/r)	v_c/(m/min)	f/(mm/r)	v_c/(m/min)	f/(mm/r)
粗镗	高速钢	20～50	0.4～0.5	15～30	0.35～0.7	100～150	0.5～1.5
	硬质合金	30～35		50～70		100～250	
半精镗	高速钢	20～35	0.15～0.45	15～50	0.15～0.45	100～200	0.2～0.5
	硬质合金	50～70		90～130			
精镗	高速钢	20～35	0.08				
	硬质合金	70～90	0.12～0.15	100～135	0.12～0.15	150～400	0.06～0.1

（2）攻丝切削用量。在生产实践中，对于公称直径在 M24 以下的螺纹孔，一般采用攻螺纹方式完成螺孔加工。攻螺纹就是用一定的扭矩将丝锥旋入预钻底孔中，用丝锥在孔壁上切削出内螺纹，也称为攻丝。在数控铣床上攻螺纹有两种类型。

1）刚性攻螺纹。从理论上讲，攻丝时机床主轴转一圈，丝锥在 Z 轴的进给量应等于它的导程。如果数控铣床/加工中心的主轴转速与其 Z 轴的进给总能保持这种同步成比例运动关系，那么这种攻螺纹方法称为"刚性攻螺纹"，也称刚性攻丝。刚性攻丝对机床主轴性能提出较高的要求，首先机床要具有主轴旋转角度控制功能，其次需要在主轴上加装了位置编码器，把主轴旋转的角度位置反馈给数控系统形成位置闭环，同时与 Z 轴进给建立同步关系，这样就严格保证了主轴旋转角度和 Z 轴进给尺寸的线性比例关系。

2）柔性攻螺纹。就是主轴转速与丝锥进给没有严格的同步成比例运动关系，而是用可伸缩的攻丝夹头（图 5.20），靠装在攻丝夹头内部的弹簧伸缩来补偿 Z 轴进给与主轴转角运动产生的螺距误差，这种攻螺纹方法称为"柔性攻螺纹"，也称柔性攻丝。对于主轴没有安装螺纹编码器的数控铣床/加工中心，此时主轴的转速和 Z 轴的进给是独立控制的，可采用柔性攻丝方式加工螺纹孔，但加工精度较刚性攻丝低。

图 5.20　可伸缩攻丝刀柄

攻丝刚性较差，因此切削速度一般选低速，常用高速钢丝锥攻丝切削速度见表 5.18。

表 5.18　　　　　　　　　　　　**常用高速钢丝锥攻丝切削速度**

工件材料	铸铁	钢及合金钢	铝、铜及其合金
切削速度/(m/min)	2.5～5	1.5～5	5～15

攻丝前需要预钻底孔，普通螺纹攻丝前预钻孔钻头直径见表 5.19。攻盲孔螺纹时预钻孔深度＝所需螺孔深度＋0.7×螺纹公称直径。

表 5.19	普通螺纹攻丝前预钻孔钻头直径		单位：mm
螺纹公称直径 d	螺距 p	钻头直径 d_0	
		铸铁、青铜、黄铜	钢、可锻铸铁、紫铜
2	0.4	1.6	1.6
	0.25	1.75	1.75
2.5	0.45	2.05	2.05
	0.35	2.15	2.15
3	0.5	2.5	2.5
	0.35	2.65	2.65
4	0.7	3.3	3.3
	0.5	3.5	3.5
5	0.8	4.1	4.2
	0.5	4.5	4.5
6	1	4.9	5
	0.75	5.2	5.2
8	1.25	6.6	6.7
	1	6.9	7
10	1.5	8.4	8.5
	1.25	8.6	8.7
	1	8.9	9
	0.75	9.1	9.2
12	1.75	10.1	10.2
	1.5	10.4	10.5
	1.25	10.6	10.7
	1	10.9	11
14	2	11.8	12
	1.5	12.4	12.5
	1	12.9	13
16	2	13.8	14
	1.5	14.4	14.5
	1	14.9	15
18	2.5	15.3	15.5
	2	15.8	16
	1.5	16.4	16.5
	1	16.9	17
20	2.5	17.3	17.5
	2	17.8	18
	1.5	18.4	18.5
	1	18.9	19
22	2.5	19.3	19.5
	2	19.8	20
	1.5	20.4	20.5
	1	20.9	21

螺纹公称直径 d	螺距 p	钻头直径 d_0	
		铸铁、青铜、黄铜	钢、可煅铸铁、紫铜
	3	20.7	21
24	2	21.8	22
	1.5	22.4	22.5
	1	22.9	23

（3）模板零件切削用量。参考上述个表的切削用量推荐值，计算本项目零件的切削用量。

1）钻定位孔：$v_c = 10\text{m/min}$，$n = \dfrac{1000v_c}{\pi D} = \dfrac{1000 \times 10}{3.14 \times 2.5} = 1273$（r/min）

$f = 0.05\text{mm/r}$，$v_f = nf = 1273 \times 0.05 = 63$（mm/min）

2）钻 $\phi16$ 孔：$v_c = 20\text{m/min}$，$n = \dfrac{1000v_c}{\pi D} = \dfrac{1000 \times 20}{3.14 \times 16} = 400$（r/min）

$f = 0.1\text{mm/r}$，$v_f = nf = 400 \times 0.1 = 40$（mm/min）

3）钻 $\phi6.7$ 孔：$v_c = 20\text{m/min}$，$n = \dfrac{1000v_c}{\pi D} = \dfrac{1000 \times 20}{3.14 \times 6.7} = 950$（r/min）

$f = 0.1\text{mm/r}$，$v_f = nf = 950 \times 0.1 = 95$（mm/min）

4）铣扩孔：$v_c = 25\text{m/min}$，$n = \dfrac{1000v_c}{\pi D} = \dfrac{1000 \times 25}{3.14 \times 16} = 498$（r/min）

$f_z = 0.05\text{ mm/z}$，$v_f = nf_z z = 498 \times 0.05 \times 3 = 75$（mm/min）

$a_p = 4\text{mm}$

5）镗孔：$v_c = 20\text{m/min}$，$n = \dfrac{1000v_c}{\pi D} = \dfrac{1000 \times 20}{3.14 \times 30} = 212$（r/min）

$f = 0.15\text{mm/r}$，$v_f = nf = 212 \times 0.15 = 32$（mm/min）

6）攻丝：$v_c = 5\text{m/min}$，$n = \dfrac{1000v_c}{\pi D} = \dfrac{1000 \times 5}{3.14 \times 8} = 200$（r/min）

$f = 1.25\text{mm/r}$，$v_f = nf = 200 \times 1.25 = 250$（mm/min）

4. 刀路设计

模板零件钻孔刀路如图 5.21 所示，为了提高生产效率，减少空走刀路程，XY 向刀路从 1 孔开始按顺时针顺序加工各孔。由于孔深度不大，因此 Z 向刀路采用连续钻削至孔底的进刀方式。

5. 确定装夹方案

在铣床上装夹圆柱零件，可以使用三爪卡盘和平口钳。在数控铣床上使用三爪卡盘，可以直接用压板及螺栓把三爪卡盘压紧在工作台上。使用平口钳安装圆柱零件，若将工件直接装夹在钳口，圆柱与钳口接触面积很小，很难夹紧零件。因此采用平口

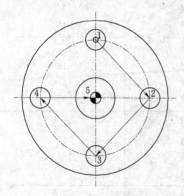

图 5.21　模板钻孔刀路

钳装夹圆柱零件时需要使用 V 形块，如图 5.22 所示。

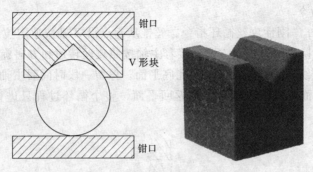

图 5.22　平口钳 V 形块装夹圆柱零件

6. 编写工艺文件

综合上述各项分析结果，制订模板零件数控加工刀具卡（表 5.20）和数控加工工序卡（表 5.21）。

表 5.20　　　　　　　　　　数控加工刀具卡

零件	模板零件		姓名		组别	
序号	刀具编号	刀具名称	刀具规格		刀具材质	备 注
1	01	中心钻头	$D=\phi6.3$，$d=\phi2.5$ 不带护锥 A 型		高速钢	
2	02	麻花钻头	$\phi16$ 直柄		高速钢	
3	03	立铣刀	$\phi16$ 三刃		高速钢	
4	04	镗刀	刀杆为 $\phi26$		硬质合金	
5	05	麻花钻头	$\phi6.7$ 直柄		高速钢	
6	06	丝锥	M8×1.25 螺旋槽机用丝锥		高速钢	

表 5.21　　　　　　　　　　数控加工工序卡

单位		班级		姓名			组别	
零件	模板零件	材料	45 号钢	夹具	平口钳	机床	数控立式铣床	
工步	工步内容	刀具号	铣削深度/ mm	进给量/ (mm/r)	切削速度/ (m/min)	主轴转速/ (r/min)	进给速度/ (mm/min)	备注
装夹：用平口钳和 V 形块装夹毛坯								
1	钻 5 个定位孔	01	5	0.05	10	1273	63	
2	钻 $\phi16$ 通孔	02	20	0.1	20	400	40	
3	铣 $\phi29$ 通孔	03	4	0.15	25	498	75	
4	镗 $\phi30$ 通孔	04	0.5	0.15	25	212	32	
5	钻 $\phi6.7$ 螺纹底孔	05	18	0.1	20	950	95	
6	攻丝 4－M8	06	17	1.25	5	200	250	

5.2.3.2　孔加工程序

1. 相关编程指令

（1）LCYC84——刚性攻丝循环指令。丝锥从起点沿 Z 轴快速定位到进刀平面，然后主轴定向停止并转换成位置控制方式，接着主轴按照攻丝转速和方向旋转，主轴每旋转一周 Z 轴进给一个螺纹导程，一直移动至孔底平面。停留一段时间后主轴反转，Z 轴按比例向上移动至进刀平面，最后快速移动至返回平面，整个循环过程只进行 Z 轴移动，如图 5.23 所示。

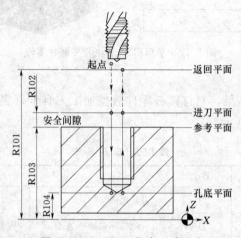

图 5.23　LCYC84 指令刀路示意

指令格式：R101=_ R102=_ R103=_ R104=_ R105=_ R106=_ R112=_ R113=_
　　　　　LCYC84

表 5.22　　　　　　　　　　　LCYC84 参 数 含 义

参数	含义
R101	设置返回平面位置（Z 轴绝对坐标值），可以将安全平面作为返回平面
R102	设置安全间隙（不带正负号），R103＋R102 为进刀平面的 Z 轴绝对坐标值
R103	设置参考平面位置（Z 轴绝对坐标值），通常取工件的上表面作为参考平面
R104	设置孔底平面位置（Z 轴绝对坐标值）
R105	设置刀具在孔底暂停的时间，单位为 s
R106	设置螺纹导程和旋向，取值范围±0.001～2000mm，取正值主轴以 M03 方向攻丝，取负值主轴以 M04 方向攻丝
R112	设置攻丝时的主轴转速
R113	设置退刀时的主轴转速，为零时等于攻丝转速

LCYC84 刚性攻丝循环指令使用注意事项：

1）使用刚性攻丝循环要求机床主轴具有位置控制功能（带位置编码器）。

2）在调用循环指令前必须使刀具沿 XY 轴移动到螺纹孔位置的正上方。

3）在调用循环指令前 R101～R113 参数必须已经赋值，循环结束后参数值保持不变（表 5.22）。

4) 循环结束后 G00、G90 会保持有效。

【例】如图 5.24 所示，在 X30/Y35 的位置加工 M8×1.25 螺纹孔，安全平面在工件表面以上 50mm，进刀平面在工件表面以上 10mm，攻丝转速 200r/min。表 5.23 列出了 LCYC84 指令示例。

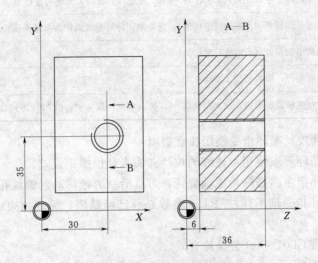

图 5.24　LCYC84 指令举例

表 5.23 LCYC84 指 令 示 例

程序代码	程序说明
G54 G90 G17	程序初始化
T1D1	选择刀具
M03 S600	主轴正转，转速 600r/min
G00 Z86	快速定位到安全平面
X30 Y35	定位到螺纹孔上方
R101＝86 R102＝10 R103＝36 R104＝6 R105＝0	设置攻丝循环参数
R106＝1.25 R112＝200 R113＝0	设置攻丝循环参数
LCYC84	执行攻丝循环
M30	程序结束

(2) LCYC840——柔性攻丝循环指令。执行循环指令前让主轴按照攻丝转速和方向旋转，丝锥从起点沿 Z 轴快速定位到进刀平面，然后 Z 轴进给移动至孔底平面（进给速度＝主轴转速×螺纹导程），接着主轴反转，Z 轴以相同的进给速度向上移动至进刀平面，最后快速移动至返回平面，整个循环过程只进行 Z 轴移动，如图 5.23 所示。

指令格式：R101＝_ R102＝_ R103＝_ R104＝_ R106＝_ R126＝_
　　　　　LCYC840

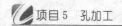

表 5.24   **LCYC840 参 数 含 义**

参数	含义
R101	设置返回平面位置（Z轴绝对坐标值），可以将安全平面作为返回平面
R102	设置安全间隙（不带正负号），R103＋R102 为进刀平面的 Z 轴绝对坐标值
R103	设置参考平面位置（Z轴绝对坐标值），通常取工件的上表面作为参考平面
R104	设置孔底平面位置（Z轴绝对坐标值）
R106	设置螺纹导程，取值范围 0.001～2000mm
R126	设置攻丝主轴旋转方向，取3 主轴以 M03 方向攻丝，取4 主轴以 M04 方向攻丝

LCYC840 柔性攻丝循环指令使用注意事项：

1）柔性攻丝循环要求使用可伸缩的攻丝夹头来补偿螺距误差。

2）在调用循环指令前必须使主轴旋转，刀具沿 XY 轴移动到螺纹孔位置的正上方。

3）在调用循环指令前 R101～R126 参数必须已经赋值，循环结束后参数值保持不变（表 5.24）。

4）循环结束后 G00、G90 会保持有效。

【例】如图 5.24 所示，在 X30/Y35 的位置用柔性攻丝循环加工 M8×1.25 螺纹孔，安全平面在工件表面以上 50mm，进刀平面在工件表面以上 10mm，攻丝转速 200r/min。表 5.25 列出了 LCYC840 指令示例。

表 5.25   **LCYC840 指 令 示 例**

程序代码	程序说明
G54 G90 G17	程序初始化
T1D1	选择刀具
M03 S200	主轴正转，转速 200r/min
G00 Z86	快速定位到安全平面
X30 Y35	定位到螺纹孔上方
R101＝86 R102＝10 R103＝36 R104＝6	设置攻丝循环参数
R106＝1.25 R126＝3	设置攻丝循环参数
LCYC840	执行攻丝循环
M30	程序结束

（3）LCYC85——镗孔循环指令。刀具从起点沿 Z 轴快速定位到进刀平面，然后以切削进给速度移动至孔底平面，停留一段时间后以切削进给速度回到至进刀平面，最后快速移动至返回平面，整个循环过程只进行 Z 轴移动，如图 5.25 所示。

指令格式：R101＝_ R102＝_ R103＝_ R104＝_ R105＝_R107＝_ R108＝_
　　　　　LCYC85

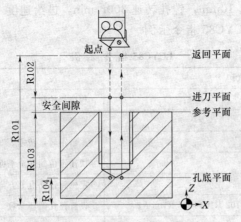

图 5.25　LCYC85 指令刀路示意

表 5.26　　　　　　　　　　　　　**LCYC85 参 数 含 义**

参数	含　义
R101	设置返回平面位置（Z 轴绝对坐标值），可以将安全平面作为返回平面
R102	设置安全间隙（不带正负号），R103＋R102 为进刀平面的 Z 轴绝对坐标值
R103	设置参考平面位置（Z 轴绝对坐标值），通常取工件的上表面作为参考平面
R104	设置孔底平面位置（Z 轴绝对坐标值）
R105	设置刀具在孔底暂停（断屑）的时间，单位为 s
R107	设置镗孔进给速度
R108	设置退刀进给速度

LCYC85 镗孔循环指令使用注意事项：

1）在调用循环指令前必须指定主轴旋转方向和转速。

2）在调用循环指令前必须使刀具沿 XY 轴移动到镗孔位置的正上方。

3）在调用循环指令前 R101～R108 参数必须已经赋值，循环结束后参数值保持不变（表 5.26）。

4）循环结束后 G00、G90 会保持有效。

【例】如图 5.26 所示，在 X70/Y50 的位置镗孔，安全平面在工件表面以上 50mm，

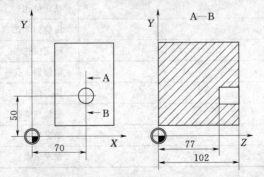

图 5.26　LCYC85 指令示例

进刀平面在工件表面以上 10mm，镗孔转速 300r/min，进给速度 45mm/min，镗至孔底停留 2s。表 5.27 列出了 LCYC85 指令示例。

表 5.27   LCYC85 指 令 示 例

程序代码	程序说明
G54 G90 G17	程序初始化
T1D1	选择刀具
M03 S300	主轴正转，转速 300r/min
G00 Z152	快速定位到安全平面
X70 Y50	定位到镗孔点上方
R101＝152 R102＝10 R103＝102 R104＝77 R105＝2	设置镗孔循环参数
R107＝45 R108＝100	设置镗孔循环参数
LCYC85	执行镗孔循环
M30	程序结束

2. 模板零件加工程序

依据零件加工工艺，编写以下加工程序。

（1）钻 5 个定位孔。钻定位孔程序清单见表 5.28。

表 5.28   钻 定 位 孔 程 序 清 单

程序代码	程序说明
DWK. MPF	钻定位孔程序
G54 G90 G17	程序初始化
T1D1 F63	选择刀具，进给速度 63mm/min
M03 S1273	主轴正转，转速 1273r/min
G00 Z50	快速定位到安全平面
X0 Y22.5	定位到 1 孔
R101＝50 R102＝10 R103＝0 R104＝－5 R105＝1	设置钻孔循环参数
LCYC82	钻定位孔
X22.5 Y0	定位到 2 孔
LCYC82	钻定位孔
X0 Y－22.5	定位到 3 孔
LCYC82	钻定位孔
X－22.5 Y0	定位到 4 孔
LCYC82	钻定位孔
X0 Y0	定位到 5 孔
LCYC82	钻定位孔
M30	程序结束

（2）钻 $\phi16$ 通孔。钻通孔程序清单见表 5.29。

表 5.29　　　　　　　　　　　　钻 通 孔 程 序 清 单

程序代码	程序说明
ZK _ 1. MPF	钻通孔程序
G54 G90 G17	程序初始化
T2D1 F40	选择刀具，进给速度 40mm/min
M03 S400	主轴正转，转速 400r/min
G00 Z50	快速定位到安全平面
X0 Y0	定位到 5 孔
R101＝50 R102＝10 R103＝0 R104＝－25 R105＝1	设置钻孔循环参数
LCYC82	钻孔
M30	程序结束

（3）铣 ϕ29 通孔。铣孔程序清单见表 5.30。

表 5.30　　　　　　　　　　　　铣 孔 程 序 清 单

程序代码	程序说明
XK. MPF	铣孔程序
G54 G90 G17	程序初始化
T3D1	选择刀具
M03 S498	主轴正转，转速 498r/min
G00 Z50	快速定位到安全平面
X0 Y0	定位到预钻孔
Z10	定位到进刀平面
G01 Z－4 F75	定位到铣削深度
Y6. 5	铣孔
G03 X0 Y6. 5 I0 J－6.5	铣孔
G01 Y0	返回预钻孔
Z－8	改变铣削深度
Y6. 5	铣孔
G03 X0 Y6. 5 I0 J－6.5	铣孔
G01 Y0	返回预钻孔
Z－12	改变铣削深度
Y6. 5	铣孔
G03 X0 Y6. 5 I0 J－6.5	铣孔
G01 Y0	返回预钻孔
Z－16	改变铣削深度
Y6. 5	铣孔
G03 X0 Y6. 5 I0 J－6.5	铣孔

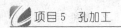

程序代码	程序说明
G01 Y0	返回预钻孔
Z－22	改变铣削深度
Y6.5	铣孔
G03 X0 Y6.5 I0 J－6.5	铣孔
G00 Z50	返回安全平面
M30	程序结束

（4）镗 ϕ30 通孔。镗孔程序清单见表 5.31。

表 5.31   **镗 孔 程 序 清 单**

程序代码	程序说明
TK. MPF	镗孔程序
G54 G90 G17	程序初始化
T4D1	选择刀具
M03 S212	主轴正转，转速 212r/min
G00 Z50	快速定位到安全平面
X0 Y0	定位到 5 孔
R101＝50 R102＝10 R103＝0 R104＝－22 R105＝2	设置镗孔循环参数
R107＝32 R108＝100	设置镗孔循环参数
LCYC85	执行镗孔循环
M30	程序结束

（5）钻 4 个 ϕ6.7 螺纹底孔。钻螺纹底孔程序清单见表 5.32。

表 5.32   **钻螺纹底孔程序清单**

程序代码	程序说明
ZK ＿ 2. MPF	钻螺纹底孔程序
G54 G90 G17	程序初始化
T5D1 F95	选择刀具，进给速度 95mm/min
M03 S950	主轴正转，转速 950r/min
G00 Z50	快速定位到安全平面
X0 Y22.5	定位到 1 孔
R101＝50 R102＝10 R103＝0 R104＝－18 R105＝1	设置钻孔循环参数
LCYC82	钻孔
X22.5 Y0	定位到 2 孔
LCYC82	钻孔
X0 Y－22.5	定位到 3 孔

续表

程序代码	程序说明
LCYC82	钻孔
X－22.5 Y0	定位到 4 孔
LCYC82	钻孔
M30	程序结束

（6）攻 4 个 M8×1.25 螺纹孔。攻丝程序清单见表 5.33。

表 5.33   攻 丝 程 序 清 单

程序代码	程序说明
GS.MPF	攻丝程序
G54 G90 G17	程序初始化
T6D1	选择刀具
M03 S200	主轴正转，转速 200r/min
G00 Z50	快速定位到安全平面
X0 Y22.5	定位到 1 孔
R101＝50 R102＝10 R103＝0 R104＝－17	设置攻丝循环参数
R106＝1.25 R126＝3	设置攻丝循环参数
LCYC840	执行攻丝循环
X22.5 Y0	定位到 2 孔
LCYC840	执行攻丝循环
X0 Y－22.5	定位到 3 孔
LCYC840	执行攻丝循环
X－22.5 Y0	定位到 4 孔
LCYC840	执行攻丝循环
M30	程序结束

5.2.3.3 孔加工质量检测

1. 测量孔的直径

（1）用游标卡尺测量孔径。如图 5.27 所示，测量时，右手拿住尺身，大拇指移动游标，左手拿待测内径的物体，将内径量爪放入孔内，卡尺两测量面的连线应垂直于被测量表面，不能歪斜。把零件贴靠在固定量爪上，然后移动尺框，用轻微的压力使活动量爪接触零件，找到最大度数位置。

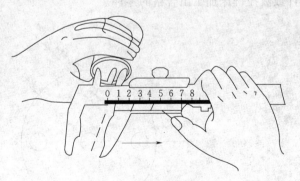

图 5.27　游标卡尺测量孔径

注意量爪不得用力压紧工件，以免量爪变形或磨损，从而影响测量的准确度。

（2）用内径千分尺测量孔径。如图 5.28 所示，用内径尺测量孔时，将其固定爪测量触头测量面支撑在被测表面上，调整微分筒，使微分筒一侧的活动爪测量面在孔的径向截面内摆动，找出最大尺寸，然后拧紧固定螺钉取出并读数。

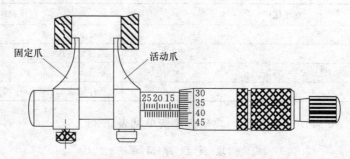

图 5.28　内径千分尺测量孔径

（3）用塞规测量孔径。如图 5.29 所示，常用的有圆孔塞规和螺纹塞规。圆孔塞规可做成最大实体尺寸和最小实体尺寸两种，它的最小极限尺寸一端叫做通端，最大极限尺寸一端称为止端。圆孔塞规的两头各有一个圆柱体，长圆柱体一端为通端，短圆柱体一端为止端。检查孔径时，合格的孔径应当能通过通端而不能通过止端。螺纹塞规的使用方法和圆孔塞规类似。

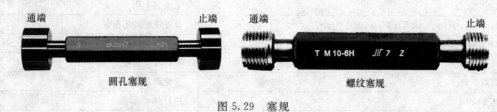

图 5.29　塞规

5.3　综合训练项目

（1）图 5.30 所示为孔加工零件，材料为 45 号钢。编写孔加工工艺和程序，用仿真软件或数控铣床加工出合格的零件。

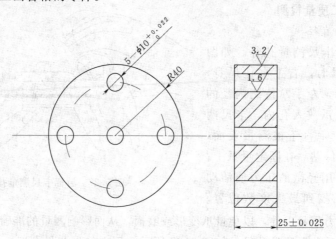

图 5.30　孔加工（1）

（2）图 5.31 所示为孔加工零件，材料为铸铁。编写孔加工工艺和程序，用仿真软件或数控铣床加工出合格的零件。

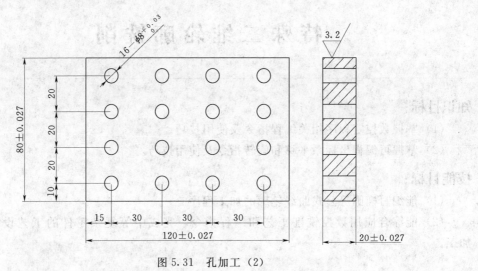

图 5.31 孔加工（2）

特殊二维轮廓铣削

知识目标：

（1）掌握数控宏程序相关编程指令及使用技巧。

（2）掌握可编程坐标系平移和旋转指令及使用技巧。

技能目标：

（1）能编写椭圆等公式曲线轮廓的加工程序。

（2）能综合应用数控铣削工艺和编程指令，完成中等复杂零件的工艺设计及编程加工。

6.1 椭圆凸台零件铣削

6.1.1 任务描述

加工如图 6.1 所示椭圆凸台零件，毛坯尺寸为 $\phi50\times80mm$ 的圆柱棒料，毛坯材料为 45 号钢。制定合理的加工工艺并完成零件的加工。

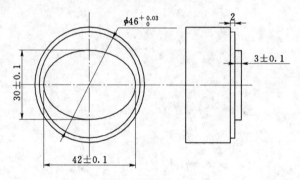

图 6.1 椭圆凸台

6.1.2 任务分析

图上零件为一高度 2mm 的圆柱凸台与高度 3mm 的椭圆形凸台叠加，加工部位为凸台的上表面和侧面轮廓。仅对毛坯的上部进行加工，其余部位不加工，凸台轮廓尽量靠近毛坯中部。

6.1.3 实施步骤

6.1.3.1 层叠轮廓铣削工艺

1. 铣削椭圆形凸台零件的工艺路线

椭圆形凸台零件的工艺路线，见表 6.1。

表 6.1 椭圆形凸台零件的工艺路线

序号	工作内容	示意图	备 注
1	将圆柱棒料夹持在平口钳中部，用90°角尺校正圆柱中轴线与平口钳身导轨面垂直。 在圆柱顶部两侧铣削相互平行的台阶面	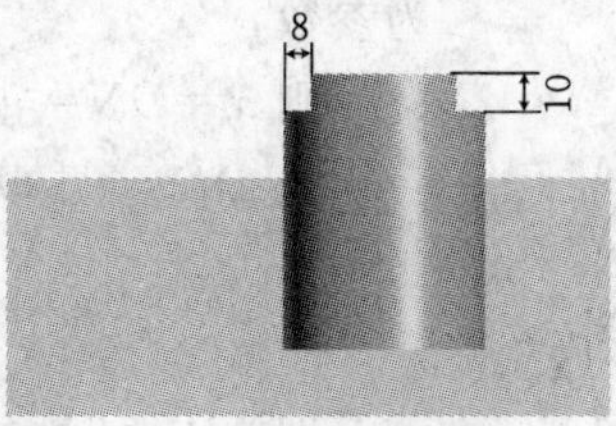	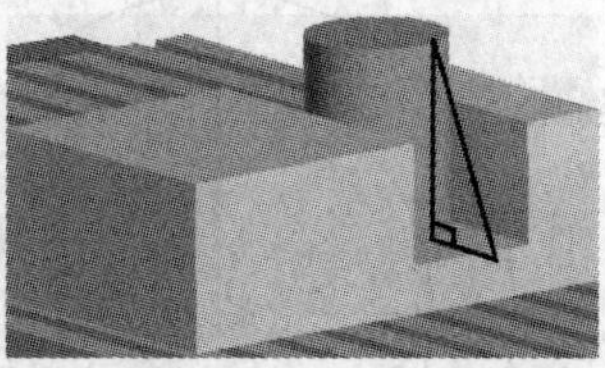
2	将圆柱毛坯调头，夹持台阶面，用90°角尺校正圆柱中轴线与平口钳身导轨面垂直。 在圆柱顶部铣削椭圆形和圆柱凸台	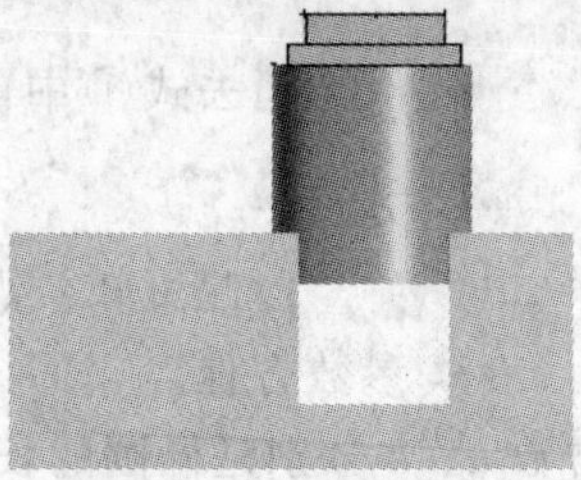	选择 ϕ16 高速钢三刃立铣刀作为加工刀具。 粗、精铣上表面→粗、精铣椭圆形凸台侧面轮廓→粗、精铣圆柱凸台侧面轮廓

2. 选择切削用量

本项目凸台高度 3mm，因此 ϕ16 立铣刀可以一次下刀至工件轮廓深度完成工件侧壁铣削。

参考项目 2 表 2.11～表 2.13 推荐值，ϕ16 高速钢三刃立铣刀铣削凸台零件。

粗铣时切削用量取：

$$v_c = 25\text{m/min}, \quad n = \frac{1000v_c}{\pi D} = \frac{1000 \times 25}{3.14 \times 16} = 498\ (\text{r/min})$$

$$f_z = 0.05\text{mm/z}, \quad v_f = nf_z z = 498 \times 0.05 \times 3 = 75\ (\text{mm/min})$$

$$a_p = 2\sim 3\text{mm}$$

精铣时切削用量取：

$$v_c = 35\text{m/min}, \quad n = \frac{1000v_c}{\pi D} = \frac{1000 \times 35}{3.14 \times 16} = 697\ (\text{r/min})$$

$$f_z = 0.03\text{mm/z}, \quad v_f = nf_z z = 697 \times 0.03 \times 3 = 63\ (\text{mm/min})$$

$$a_p = 0.5\text{mm}$$

3. 椭圆轮廓铣削刀路设计

如果零件的轮廓曲线不是由直线或圆弧构成（如可能是椭圆、双曲线、抛物线、一般二次曲线、阿基米德螺旋线等曲线），而数控装置又不具备其曲线的插补功能时，要采用直线或圆弧拟合逼近的数学处理方法。即在满足允许编程误差的条件下，用若干直线段或圆弧段分割拟合逼近给定的曲线，如图 6.2 所示。

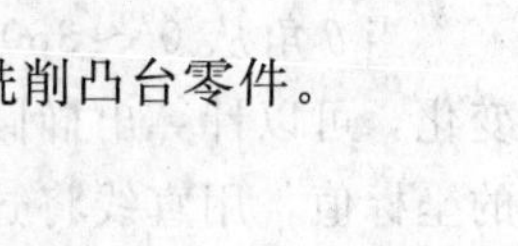

椭圆参数方程分析：

如图 6.3 所示，以原点为圆心，分别以 a、b（$a > b > 0$）

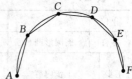

图 6.2 用直线拟合逼近曲线

为半径作两个圆，常数 a、b 分别是椭圆的长半轴长和短半轴长。点 B 是大圆半径 OA 与小圆半径的交点，过点 A 作 $AN \perp OX$，垂足为 N，过点 B 作 $BM \perp AN$，垂足为 M，求

当半径 OA 绕点 O 旋转时 M 的轨迹的参数方程。

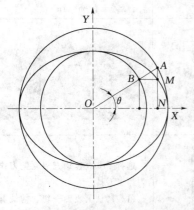

图6.3　椭圆参数方程

解：设 M 点坐标为（x，y），$\angle AOX = \theta$，以 θ 为参数，

则 $x = ON = |OA| \cos\theta = a\cos\theta$

$y = NM = |OB| \sin\theta = b\sin\theta$，即

$$\left. \begin{array}{l} x = a\cos\theta \\ y = b\sin\theta \end{array} \right\} \qquad ①$$

即为点 M 的参数方程。

消去式①中的 θ 可得 $\dfrac{x^2}{a^2} + \dfrac{y^2}{b^2} = 1$ 为椭圆的标准方程。

由此可知，点 M 的轨迹是椭圆，式①是椭圆的参数方程。

在椭圆的参数方程中，常数 a、b 分别是椭圆的长半轴长和短半轴长。θ 为离心角。

注：当椭圆长半轴在 Y 轴上时，椭圆方程为

$$\dfrac{x^2}{b^2} + \dfrac{y^2}{a^2} = 1, \quad \left. \begin{array}{l} x = b\cos\theta \\ y = a\sin\theta \end{array} \right\}$$

当 θ 角从 $0° \sim 360°$ 范围内以 $1°$ 为增量（$\Delta\theta$）连续变化，可以计算出椭圆上 360 个分割点（M1~M360）的坐标值，用直线将这些点连接起来就得到一条近似的椭圆轨迹，如图 6.4 所示。

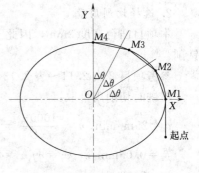

图6.4　椭圆刀路

4．编写工艺文件

综合上述各项分析结果，制订椭圆形凸台零件数控加工刀具卡（表6.2）和数控加工工序卡（表6.3）。

表6.2　　　　　　　　　数控加工刀具卡

零件	椭圆形凸台		姓名			组别	
序号	刀具编号	刀具名称	刀具规格			刀具材质	备注
1	01	立铣刀	$\phi 16$，3 齿			高速钢	

表6.3　　　　　　　　　数控加工工序卡

单位		班级		姓名			组别	
零件	椭圆形凸台	材料	45 号钢	夹具	平口钳	机床	数控立式铣床	
工步	工步内容	刀具号	铣削深度/mm	进给量/(mm/z)	切削速度/(m/min)	主轴转速/(r/min)	进给速度/(mm/min)	备注
装夹：夹持圆柱毛坯台阶面，用90°角尺校正圆柱中轴线与平口钳身导轨面垂直								
1	粗铣上表面	01	2	0.05	25	498	75	
2	精铣上表面	01	0.5	0.03	35	697	63	

单位			班级		姓名			组别	
零件	椭圆形凸台	材料	45 号钢	夹具	平口钳	机床		数控立式铣床	
工步	工步内容	刀具号	铣削深度/mm	进给量/(mm/z)	切削速度/(m/min)	主轴转速/(r/min)	进给速度/(mm/min)	备注	
3	粗铣椭圆形凸台	01	3	0.05	25	498	75		
4	精铣椭圆形凸台	01	3	0.03	35	697	63		
5	粗铣圆柱凸台	01	2	0.05	25	498	75		
6	精铣圆柱凸台	01	2	0.03	35	697	63		

6.1.3.2 椭圆形凸台铣削加工程序

1. 相关编程指令

宏程序是指应用数控系统中的特殊编程指令编写而成、能实现参数化功能的加工程序，这类程序具有变量编程及程序跳转的功能。

(1) 变量（计算参数）。在常规的加工程序中，总是将一个具体的数值赋给一个地址，因此一个程序只能加工固定形状的零件，缺乏灵活性和适用性。在宏程序中使用了变量，通过的变量进行赋值和运算，使程序更加灵活和方便。

1) 变量的表示方法。变量由地址 R 与若干位（通常 3 位）数字组成。

例：R1，R10，R105。

2) 变量的类型。变量的 R 变量分为自由变量，加工循环传递参数和循环内部计算参数三类。

自由变量（公共变量）：R0～R99。

加工循环传递参数：R100～R249。

循环内部计算参数（局部变量）：R250～R299。

3) 变量的引用。除地址 N、G、L 外，R 参数可以用来替代其他任何地址后面的数值。使用 R 参数时，地址与参数之间必须通过"="连接。

例：G01 X=R10 Y=－R11 F=100－R12。

当 R10=5，R11=10，R12=20。

等效于 G01 X5 Y－10 F80。

(2) 算数运算表达式（表 6.4）。

表 6.4　　　　　　　　　　　算 数 运 算 表 达 式

功 能	格　　　式	示　　　例
赋值	Ri＝Rj	R1＝10
加法	Ri＝Rj ＋ Rk	R1＝R2＋5
减法	Ri＝Rj － Rk	R2＝100－R3
乘法	Ri＝Rj×Rk	R3＝5×6
除法	Ri＝Rj/Rk	R1＝R2/R3
平方根	Ri＝SQRT(Rj)	R5＝SQRT(100)

续表

功 能	格 式	示 例
绝对值	Ri＝ABS(Rj)	R5＝ABS(－20)
取整	Ri＝TRUNC(Rj)	R5＝TRUNC(10.25)
正弦	Ri＝sin(Rj)	R6＝sin(30)
余弦	Ri＝cos(Rj)	R6＝cos(60)
正切	Ri＝tan(Rj)	R6＝tan(45)

注　格式中的 Ri 为变量，Rj 和 Rk 是变量或者常数。在计算时遵循通常的数学运算规则，圆括号内的运算优先进行，另外，乘法和除法运算优先于加法和减法运算，角度计算的单位为度。

例：$R15＝\sqrt{R1^2＋R2^2}$，表示为 R15＝SQRT(R1×R1+R2×R2)。

（3）程序转移指令。

1）绝对跳转。

指令格式：GOTOF　LABEL　　　向前跳转（程序结束方向）

GOTOB　LABEL　　　向后跳转（程序开始方向）

LABEL：标记符，标记符用于标记程序中所跳转的目标程序段，标记符由 2～8 个字母或数字组成，其中开始两个符号必须是字母或下划线。标记符后面必须为冒号，如果程序段有段号，则标记符紧跟着段号。

绝对跳转指令必须占用一个独立的程序段。

2）有条件跳转。

如果满足跳转条件（也就是值不等于零）则进行跳转。

指令格式：IF 条件　GOTOF　LABEL　　　向前跳转（程序结束方向）

IF 条件　GOTOB　LABEL　　　向后跳转（程序开始方向）

条件：作为跳转条件的计算表达式，常用比较运算符进行条件的计算（表 6.5）。

表 6.5　　　　　　　　　　　　　比 较 运 算 符

运算符	含义	运算符	含义	运算符	含义
＝＝	等于	＜＞	不等于	＞	大于
＜	小于	＞＝	大于或等于	＜＝	小于或等于

举例：

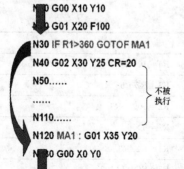

N10 G00 X10 Y10

N20 G01 X20 F100

N30 IF R1>360 GOTOF MA1

N40 G02 X30 Y25 CR=20

N50……

……

N110……

不被执行

N120 MA1 : G01 X35 Y20

N130 G00 X0 Y0

2. 椭圆形凸台加工程序

椭圆形凸台加工程序清单见表 6.6。

表 6.6   **椭圆形凸台加工程序清单**

程序代码	程序说明
G54 G90 G17	选择 G54 零点偏置，设置绝对坐标
M03 S498	主轴正转，498r/min
M08	打开冷却液
G00 Z50	快速定位到安全平面
X35 Y0	定位到平面铣削起点上方
Z10	定位到进刀平面
G01 Z−3 F75	定位到粗铣平面，进给速度 75mm/min
T1D1	在 T1D1 刀具参数中，半径=8.5mm
G42 X21 Y−10	建立刀具半径右补偿
R1=21	用变量 R1 表示椭圆的长半轴，即参数方程中 $a=21$
R2=15	用变量 R2 表示椭圆的短半轴，即参数方程中 $b=15$
R3=0	用变量 R3 表示椭圆的离心角，即参数方程中 $\theta=0$
R4=360	用变量 R4 表示离心角的最大值
MA1: R5=R1×COS (R3)	计算椭圆轨迹上一个点的 X 轴坐标值，$x=a\times\cos\theta$
R6=R2×SIN (R3)	计算椭圆轨迹上一个点的 Y 轴坐标值，$y=b\times\sin\theta$
G01 X=R5 Y=R6	直线运动至坐标点（x，y）处
R3=R3+1	θ 增加 1°
IF R3<=R4 GOTOB MA1	只要 θ 角小于等于 360°，就回到 MA1 程序段重复执行上述步骤
G01 Y10	切出椭圆轮廓
G40 X35 Y0	取消半径补偿
Z10	返回进刀平面
G00 Z50	返回安全平面
M30	程序结束

6.2 印 章 零 件 铣 削

6.2.1 任务描述

加工图 6.5 所示印章零件，毛坯尺寸为 $\phi65\times25$mm 的圆柱棒料，毛坯材料为铝合金。制定合理的加工工艺并完成零件的加工。

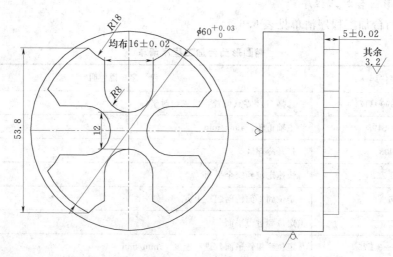

图 6.5　印章零件

6.2.2　任务分析

印章零件上有 4 个形状相同的轮廓槽，高度 5mm。这类轮廓结构通常先铣削一个局部轮廓，然后沿圆周复制刀路，进而完成整个零件加工。仅对毛坯的上部进行加工，其余部位不加工，印章轮廓中心要设置在毛坯中部。

6.2.3　实施步骤

6.2.3.1　铣削工艺

1. 铣削印章零件的工艺路线

印章零件的工艺路线见表 6.7。

表 6.7　　　　　　　　　　　　　　印章零件的工艺路线

序号	工作内容	示意图	备注
1	将圆柱棒料夹持在平口钳中部，用 90°角尺校正圆柱中轴线与平口钳身导轨面垂直。 在圆柱顶部两侧铣削相互平行的台阶面		
2	将圆柱毛坯调头，夹持台阶面，用 90°角尺校正圆柱中轴线与平口钳身导轨面垂直。 在圆柱顶部铣削印章轮廓		选择 $\phi 12$ 高速钢三刃立铣刀作为加工刀具。 粗、精铣上表面→粗、精铣 $\phi 60$ 圆柱凸台→粗、精铣印章轮廓

116

2. 选择切削用量

本项目印章轮廓高度 5mm，因此 ϕ12 高速钢立铣刀可以一次下刀至工件轮廓深度完成工件侧壁铣削。

参考项目 2 表 2.11～表 2.13 推荐值，ϕ12 高速钢三刃立铣刀铣削铝合金零件。

粗铣时切削用量取：

$$v_c = 120\text{m/min}, \quad n = \frac{1000v_c}{\pi D} = \frac{1000 \times 120}{3.14 \times 12} = 3185\text{（r/min）}$$

$$f_z = 0.05\text{mm/z}, \quad v_f = nf_z z = 3185 \times 0.05 \times 3 = 478\text{（mm/min）}$$

$$a_p = 2 \sim 5\text{mm}$$

精铣时切削用量取：

$$v_c = 150\text{m/min}, \quad n = \frac{1000v_c}{\pi D} = \frac{1000 \times 150}{3.14 \times 12} = 3981\text{（r/min）}$$

$$f_z = 0.03\text{mm/z}, \quad v_f = nf_z z = 3981 \times 0.03 \times 3 = 358\text{（mm/min）}$$

$$a_p = 0.5\text{mm}$$

3. 印章轮廓铣削刀路设计

印章零件的特点是形状相同的轮廓均布在圆盘零件基体上，因此，铣削该类结构时，刀具进给路线的设计不采用一次连续的刀路完成零件加工，而是通常先铣削一个局部结构，然后沿圆周"复制"刀路，进而完成整个零件加工。

如图 6.6 所示，设零件中心为工件坐标系原点，首先铣削最上方的印章轮廓。刀具以 $R18$ 圆弧中心为起点，沿逆时针方向铣削 $R18$ 圆弧并返回圆心，然后再沿逆时针方向移动刀具铣削 $R8$ 圆弧。将坐标系旋转 $90°$、$180°$、$270°$，对刀路进行复制，完成其余三个印章轮廓的加工。

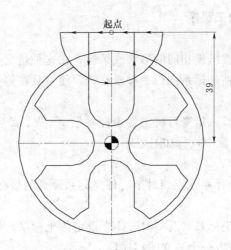

图 6.6　印章铣削刀路

4. 编写工艺文件

综合上述各项分析结果，制订印章零件数控加工刀具卡（表 6.8）和数控加工工序卡（表 6.9）。

表 6.8　　　　　　　　　　　数 控 加 工 刀 具 卡

零件	印章		姓名		组别	
序号	刀具编号	刀具名称	刀具规格		刀具材质	备注
1	01	立铣刀	ϕ12，3 齿		高速钢	

表 6.9　　　　　　　　　　　数 控 加 工 工 序 卡

单位		班级		姓名			组别		
零件	印章	材料	铝合金	夹具	平口钳	机床	数控立式铣床		
工步	工步内容	刀具号	铣削深度/mm	进给量/(mm/z)	切削速度/(m/min)	主轴转速/(r/min)	进给速度/(mm/min)	备注	

装夹：夹持圆柱毛坯台阶面，用 90°角尺校正圆柱中轴线与平口钳身导轨面垂直

工步	工步内容	刀具号	铣削深度/mm	进给量/(mm/z)	切削速度/(m/min)	主轴转速/(r/min)	进给速度/(mm/min)	备注
1	粗铣上表面	01	2	0.05	120	3185	478	
2	精铣上表面	01	0.5	0.03	150	3981	358	
3	粗铣圆形凸台	01	5	0.05	120	3185	478	
4	精铣圆形凸台	01	5	0.03	150	3981	358	
5	粗铣印章轮廓	01	5	0.05	120	3185	478	
6	精铣印章轮廓	01	5	0.03	150	3981	358	

6.2.3.2　印章轮廓铣削加工程序

1. 相关编程指令

如果工件上在不同位置出现相同的形状或结构，在这种情况下可使用可编程零点偏移和坐标轴旋转指令，将工件坐标系进行平移或旋转，使刀具在偏移后的坐标系中执行编程轨迹。

（1）可编程零点偏移。该指令可将工件坐标系沿 X、Y、Z 坐标轴平移，产生一个新的子坐标系，CNC 在子坐标中执行加工程序。

指令格式：G158　X_Y_Z_

其中，X_Y_Z_为子坐标系原点相对于工件坐标系原点的坐标值。

说明：

1）G158 指令以工件坐标系（既 G54～G59 设定的坐标系）作为基准坐标系来生成新的子坐标系，G158 指令要求一个独立的程序段。

2）G158 指令后面不带坐标值，为取消所有的子坐标系，系统恢复到 G54～G59 所确定的工件坐标系状态（表 6.10）。

【例】如图 6.7 所示，首先在工件坐标系 XY 中加工轮廓 1，然后将轮廓 1 的刀路复制，加工轮廓 2 和轮廓 3。

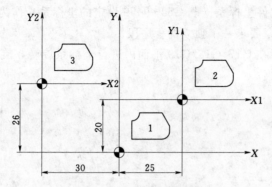

图 6.7 可编程零点偏移

表 6.10 　　　　　　　　　　**G158 指 令 示 例 程 序**

G54 G90 G17	程序初始化
M03 S600	主轴正转
L1	执行轮廓子程序
G158 X25 Y20	创建子坐系 X1Y1
L1	在子坐系 X1Y1 中执行轮廓子程序
G158 X - 30 Y26	创建子坐系 X2Y2
L1	在子坐系 X2Y2 中执行轮廓子程序
G158	取消子坐系，恢复工件坐标系
M30	程序结束
L1. SPF	轮廓子程序
G00 X5 Y5	快速定位到起点
G01 Y12 F100	按顺时针方向沿轮廓移动
G03 X8 Y15 CR＝3	按顺时针方向沿轮廓移动
G01 X17	按顺时针方向沿轮廓移动
X20 Y10	按顺时针方向沿轮廓移动
Y8	按顺时针方向沿轮廓移动
G02 X17 Y5 CR＝3	按顺时针方向沿轮廓移动
G01 X5	按顺时针方向沿轮廓移动
RET	子程序结束

　　（2）可编程坐标旋转。该指令可将工件坐标系以原点为旋转中心旋转某一角度，产生一个新的子坐标系，CNC 在子坐标中执行加工程序。

　　指令格式：G258　RPL＝_

　　其中，RPL＝_为旋转角度，当旋转方向为逆时针时，RPL 取正值，反之，RPL 取负值。

　　说明：

1）G258 指令以工件坐标系（既 G54～G59 设定的坐标系）作为基准坐标系来生成新的子坐标系，G258 指令要求一个独立的程序段。

2）G258 指令只能在 G17/G18/G19 平面内进行坐标系旋转，旋转角度正方向的规定如图 6.8 所示。

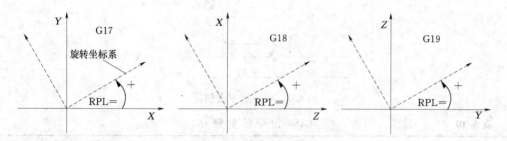

图 6.8 旋转角度正方向规定

3）G258 指令后面不带 RPL，为取消所有的子坐标系，系统恢复到 G54～G59 所确定的工件坐标系状态（表 6.11）。

【例】如图 6.9 所示，首先在工件坐标系 XY 中加工轮廓 1，然后将轮廓 1 的刀路复制，加工轮廓 2。

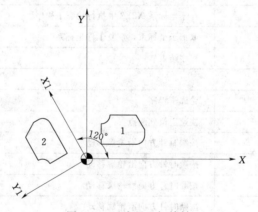

图 6.9 可编程坐标旋转

表 6.11   G258 指 令 示 例 程 序

G54 G90 G17	程序初始化
M03 S600	主轴正转
L1	执行轮廓子程序
G258 RPL＝120	旋转 120°创建子坐标系 X1Y1
L1	在子坐标系 X1Y1 中执行轮廓子程序
G258	取消子坐标系，恢复工件坐标系
M30	程序结束

（3）附加的坐标旋转。该指令可将当前坐标系（可以是工件坐标系，也可以是经过平移或旋转的子坐标系）以原点为旋转中心旋转某一角度，产生一个新的子坐标系，CNC在子坐标中执行加工程序。

指令格式：G259　RPL＝_

其中，RPL＝_为旋转角度，当旋转方向为逆时针时，RPL取正值，反之，RPL取负值。

说明：

1）G259 指令以当前坐标系（工件坐标系或子坐标系）作为基准坐标系来生成新的子坐标系，G259 指令要求一个独立的程序段（表 6.12）。

2）G259 指令只能在 G17/G18/G19 平面内进行坐标系旋转，旋转角度正方向的规定如图 6.8 所示。

【例】如图 6.10 所示，首先在工件坐标系 XY 中加工轮廓 1，然后将轮廓 1 的刀路复制，加工轮廓 2。

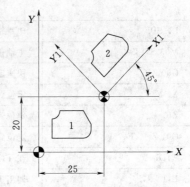

图 6.10　附加的坐标旋转

表 6.12　　　　　　　　　　　　**G259 指令示例程序**

G54 G90 G17	程序初始化
M03 S600	主轴正转
L1	执行轮廓子程序
G158 X25 Y20	坐标系平移
G259 RPL＝45	将子坐标系旋转 45°
L1	在子坐标系 X1Y1 中执行轮廓子程序
G258	取消子坐标系，恢复工件坐标系
M30	程序结束

2. 印章轮廓加工程序

印章轮廓加工程序清单见表 6.13。

表 6.13　　　　　　　　　　　　**印章轮廓加工程序清单**

程序代码	程序说明
G54 G90 G17	选择 G54 零点偏置，设置绝对坐标
M08	打开冷却液
L1	调用子程序 L1.SPF，加工上轮廓
G258 RPL＝90	工件坐标系旋转 90°
L1	调用子程序 L1.SPF，加工左轮廓
G258 RPL＝180	工件坐标系旋转 180°
L1	调用子程序 L1.SPF，加工下轮廓
G258 RPL＝270	工件坐标系旋转 270°
L1	调用子程序 L1.SPF，加工右轮廓

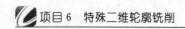

续表

程　序　代　码	程　序　说　明
G258	取消子坐标系，恢复工件坐标系
M30	程序结束

L1. SPF	印章轮廓加工子程序
M03 S3185	主轴正转，3185r/min
G00 Z50	快速定位到安全平面
X0 Y39	定位到平面铣削起点上方
Z10	定位到进刀平面
G01 Z－5 F478	定位到铣削深度，进给速度 478mm/min
T1D1	在 T1D1 刀具参数中，半径＝6.5mm
L11	调用子程序 L11. SPF
S3981 F358	设置主轴转速 3981r/min，进给速度 358mm/min
T1D2	在 T1D2 刀具参数中，半径＝6m
L11	调用子程序 L11. SPF
G01 Z10	返回进刀平面
G00 Z50	返回安全平面
RET	返回上一级程序

L11. SPF	子程序
G41 G01 X－18	建立半径左补偿
G03 X18 CR＝18	铣削 R18 圆弧
G40 G01 X0	取消半径补偿
G41 X－8	建立半径左补偿
Y14	铣削 16mm 槽
G03 X8 CR＝8	铣削 R8 圆弧
G01 Y39	铣削 16mm 槽
G40 X0	取消半径补偿
RET	返回上一级程序

参 考 文 献

[1] 陈华，等．零件数控铣削加工［M］．北京：北京理工大学出版社，2010.
[2] 陆曲波．数控加工工艺与编程操作［M］．广州：华南理工大学出版社，2013.
[3] 钟丽珠，等．数控加工编程与操作［M］．北京：北京理工大学出版社，2009.
[4] 张明建，等．数控加工工艺规划［M］．北京：清华大学出版社，2009.